わからないをわかるにかえる付録

みるみるわかるカード

中3理科

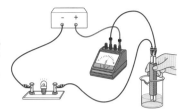

でんかいしつ
電解質

どんな物質？

げんしかく
原子核

どんなもの？

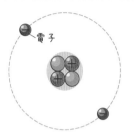

でんし
電子

どんなもの？

JN096284

よう
陽イオン

どのようにできるイオン？

いん
陰イオン

どのようにできるイオン？

でんり
電離

何がどうなること？

さん
酸

水にとかすと何を生じる物質？

アルカリ

水にとかすと何を生じる物質？

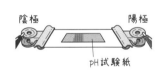

ちゅうわ
中和

どんな反応？

水にとかしたときに電流が流れる物質

この物質を何という？

使い方

● ミシン目で切りとり，穴にリングなどを通して使いましょう。
● カードの表面の問題の答えは裏面に，裏面の問題の答えは表面にあります。

原子核のまわりにある，−の電気をもつもの

これを何という？

原子の中心にある，陽子と中性子からできているもの

これを何という？

原子が電子を受けとってできるイオン

このイオンを何という？

原子が電子を失ってできるイオン

このイオンを何という？

水にとかすと電離して，水素イオンを生じる物質

この物質を何という？

電解質が水にとけて陽イオンと陰イオンに分かれること

このことを何という？

酸とアルカリの水溶液を混ぜたとき，たがいの性質を打ち消し合う反応

この反応を何という？

水にとかすと電離して，水酸化物イオンを生じる物質

この物質を何という？

染色体
せんしょくたい

どこに見られる，どんなもの？

体細胞分裂
たいさいぼう　ぶんれつ

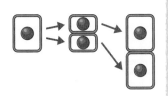

染色体の数がどうなる分裂？

無性生殖
むせいせいしょく

どんな生殖？

受精
じゅせい

卵　　　精子

動物では，何が起こること？

発生
はっせい

どんな過程のこと？

花粉管
かふんかん

花粉管

どこからどこへ向かう管？

減数分裂
げんすうぶんれつ

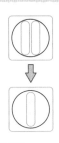

染色体の数がどうなる分裂？

遺伝子
いでんし

本体の物質は？

顕性形質
けんせいけいしつ

どんな形質？

潜性形質
せんせいけいしつ

どんな形質？

細胞分裂の前後で，染色体の数が変化しない細胞分裂

この細胞分裂を何という？

細胞分裂のときに，核の中に見られるひものようなもの

これを何という？

卵の核と精子の核が合体すること

これを何という？

親の体の一部から新しい個体ができる生殖

この生殖を何という？

花粉から胚珠に向かってのびる管

この管を何という？

受精卵から胚になって成体になるまでの過程のこと

この過程を何という？

ＤＮＡ
（デオキシリボ核酸）

本体がこの物質である，染色体の中にあるものを何という？

染色体の数がもとの細胞の半分になる細胞分裂

この細胞分裂を何という？

対立形質の純系どうしをかけ合わせたとき，子に現れない形質

この形質を何という？

対立形質の純系どうしをかけ合わせたとき，子に現れる形質

この形質を何という？

合力
ごうりょく

どんな力？

分力
ぶんりょく

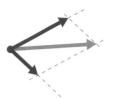

どんな力？

等速直線運動
とうそくちょくせん　うんどう

どんな運動？

慣性
かんせい

どんな性質？

作用・反作用の法則
さよう・はんさよう　ほうそく

物体を押すと
どうなるという法則？

仕事〔J〕
しごと　ジュール

どのように計算する？

仕事率〔W〕
しごとりつ　ワット

どのように計算する？

位置エネルギー
いち

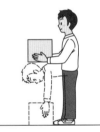

どんなエネルギー？

運動エネルギー
うんどう

衝突

どんなエネルギー？

力学的エネルギーの保存
りきがくてき　ほぞん

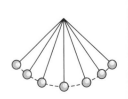

どんなこと？

1つの力を2つの力に分解したときの，分けた力

この力を何という？

2つの力と同じはたらきをする1つの力

この力を何という？

物体がそのままの状態を続けようとする性質

この性質を何という？

一定の速さでまっすぐ進む運動

この運動を何という？

加えた力の大きさ〔N〕×力の向きに動かした距離〔m〕

この式で計算できる値を何という？

物体を押したとき，同時に物体に押し返される力がはたらくという法則

この法則を何という？

高いところにある物体がもつエネルギー

このエネルギーを何という？

$$\frac{仕事〔J〕}{仕事にかかった時間〔s〕}$$

この式で計算できる値を何という？

摩擦^{まさつ}などがないとき，物体のもつ力学的エネルギーは一定であるということ

このことを何という？

運動している物体がもつエネルギー

このエネルギーを何という？

にっしゅううんどう
日周運動

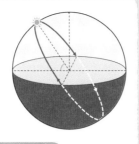

地球の何によるどんな動き？

ねんしゅううんどう
年周運動

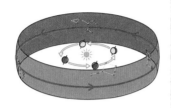

地球の何によるどんな動き？

こうどう
黄道

どんな道？

こうせい
恒星

どんな天体？

にっしょく
日食

何がどの順に並ぶと起こる現象？

げっしょく
月食

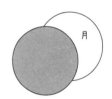

何がどの順に並ぶと起こる現象？

わくせい
惑星

どんな天体？

えいせい
衛星

どんな天体？

たいようけい
太陽系

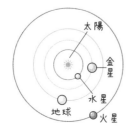

何のこと？

ぎんがけい
銀河系

何のこと？

地球の公転による天体の見かけの動き

この動きを何という？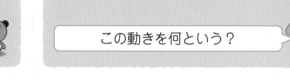

地球の自転による天体の見かけの動き

この動きを何という？

自ら光っている天体

この天体を何という？

星座の間を動いて見える，天球上の太陽の通り道

この通り道を何という？

太陽，地球，月の順に一直線上に並び，月が地球の影に入る現象

この現象を何という？

太陽，月，地球の順に一直線上に並び，太陽が月にかくされる現象

この現象を何という？

惑星のまわりを公転する天体

この天体を何という？

太陽のまわりを公転する8つの大きな天体

この天体を何という？

太陽系をふくむ，たくさんの恒星の集まり

これを何という？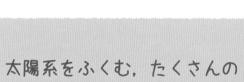

太陽を中心とした天体の集まり

これを何という？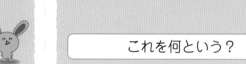

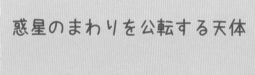

わからないを
わかるにかえる
中3理科

文 理

もくじ contents

写真提供：アフロ
イラスト：artbox，青山ゆういち
　　　　　柏原昇店，ユニックス

この本の特色と使い方

1単元は，2ページ構成です。

左ページの解説を読んで，右ページの問題にチャレンジしよう！

覚えておきたい用語

この単元の
重要用語

この単元で**理解**
しておきたい
ポイントの
解説

まずはここを
覚えよう！

ポイントを
ていねいに
解説！

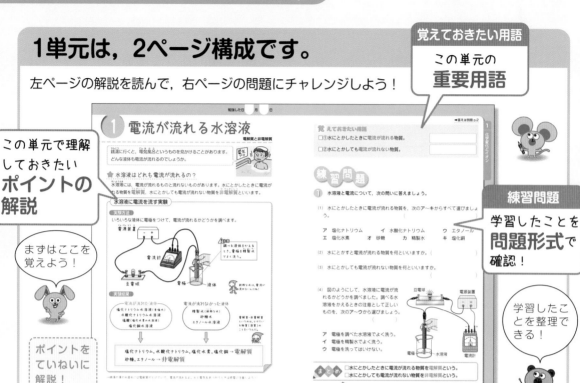

練習問題

学習したことを
問題形式で
確認！

学習したこ
とを整理で
きる！

まとめ

ポイントを
まとめで確認！

解答集は，問題に答えが入っています。

問題を解いたら，答え合わせをしよう！

解答集はとり
はずして使え
るよ！

答え

解説

答えが入っ
ていて見や
すいね！

● 章ごとに，**まとめのテスト**が
あります。
テスト形式になっているよ。学習したこ
とが定着したかチェックしよう！

● 章の最後には，**特集**のページが
あります。
知っておくと理解が深まることがのって
いるよ。ぜひ読もう！

付録カードで，みるみるわかる！

ちょっとした時間
にも確認できる！

化学変化と
イオン

もてる原子・もてない原子 の巻

この章では,
水溶液の性質やイオンとは
いったい何かなどについて
学習します。

電流が流れる水溶液

電解質と非電解質

銭湯に行くと，電気風呂というものを見かけることがあります。
どんな液体も電流が流れるのでしょうか。

⭐ 水溶液はどれも電流が流れるの？

　水溶液には，電流が流れるものと流れないものがあります。水にとかしたときに電流が
流れる物質を電解質，水にとかしても電流が流れない物質を非電解質といいます。

水溶液に電流を流す実験

実験方法

いろいろな液体に電極をつけて，電流が流れるかどうかを調べます。

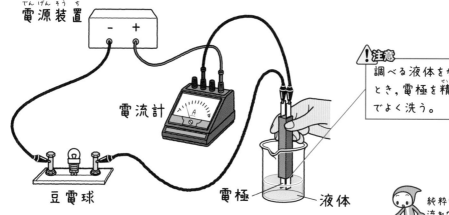

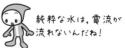

注意
調べる液体をかえる
とき，電極を精製水
でよく洗う。

純粋な水は，電流が
流れないんだね！

実験結果

電流が流れた液体	電流が流れなかった液体
塩化ナトリウム水溶液（食塩水） 水酸化ナトリウム水溶液 塩酸（塩化水素の水溶液） 塩化銅水溶液	精製水（純粋な水） 砂糖水 エタノール水溶液

電解質・非電解質
というのは，とけてい
る物質（溶質）の
ことをいうんだ。

塩化ナトリウム，水酸化ナトリウム，塩化水素，塩化銅 → 電解質
砂糖，エタノール → 非電解質

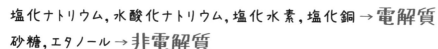

→銭湯の湯や水道水には電解質がとけていて，電流が流れるよ。水と電気をあつかうときは感電に注意しよう！

➡答えは別冊 p.2

覚 えておきたい用語

□①水にとかしたときに電流が流れる物質。

□②水にとかしても電流が流れない物質。

1 水溶液と電流について，次の問いに答えましょう。

(1) 水にとかしたときに電流が流れる物質を，次のア～キからすべて選びましょう。 （　　　　　　　　　）

ア　塩化ナトリウム　　　　イ　水酸化ナトリウム　　　ウ　エタノール
エ　塩化水素　　　オ　砂糖　　　カ　精製水　　　キ　塩化銅

(2) 水にとかすと電流が流れる物質を何といいますか。（　　　　　　　）

(3) 水にとかしても電流が流れない物質を何といいますか。 （　　　　　　　）

(4) 図のようにして，水溶液に電流が流れるかどうかを調べました。調べる水溶液をかえるときの注意として正しいものを，次のア～ウから選びましょう。 （　　　　）

ア　電極を調べた水溶液でよく洗う。
イ　電極を精製水でよく洗う。
ウ　電極を洗ってはいけない。

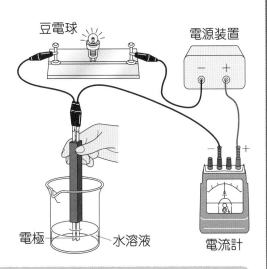

豆電球　　電源装置

電極　　水溶液　　電流計

□水にとかしたときに電流が流れる物質を電解質という。
□水にとかしても電流が流れない物質を非電解質という。

② 水溶液の分解

塩化銅水溶液の電気分解

水は電流によって分解できると２年生で学びましたね。ということとは，電流が流れる水溶液も分解できるのでしょうか。

⭐ 電解質の水溶液に電流を流すとどうなるの？

電解質の水溶液に電流を流すと，とけていた物質を分解することができます。このように，電流を流して物質を分解することを**電気分解**といいます。

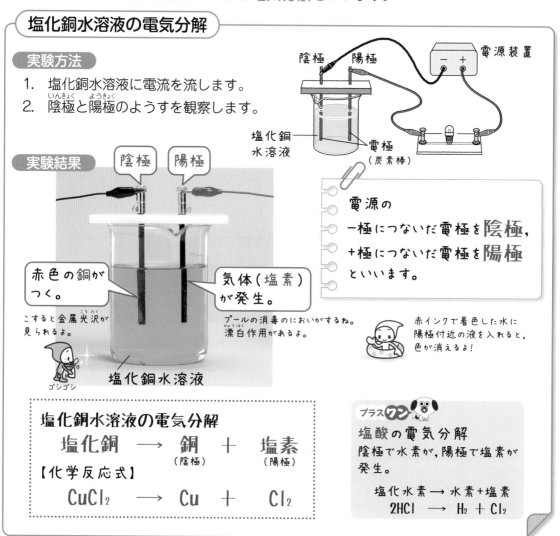

塩化銅水溶液の電気分解

実験方法

1. 塩化銅水溶液に電流を流します。
2. 陰極と陽極のようすを観察します。

電源装置
陰極　　陽極
塩化銅水溶液
電極（炭素棒）

実験結果

陰極　陽極

赤色の銅がつく。
こすると金属光沢が見られるよ。
ゴシゴシ

気体（塩素）が発生。
プールの消毒のにおいがするね。漂白作用があるよ。

塩化銅水溶液

電源の
一極につないだ電極を**陰極**，
＋極につないだ電極を**陽極**
といいます。

赤インクで着色した水に陽極付近の液を入れると，色が消えるよ！

塩化銅水溶液の電気分解

塩化銅　⟶　銅　＋　塩素
　　　　　（陰極）　　（陽極）

【化学反応式】

$CuCl_2 \longrightarrow Cu + Cl_2$

プラスワン
塩酸の電気分解
陰極で水素が，陽極で塩素が発生。

塩化水素 ⟶ 水素＋塩素
$2HCl \longrightarrow H_2 + Cl_2$

塩化銅水溶液に電流を流すと，**塩化銅**が分解されて，**銅**（陰極側）と**塩素**（陽極側）ができます。

→電解質の水溶液は電気分解できるよ。有害な物質が出てくることがあるので，実験するときは注意が必要だよ。

➡答えは別冊 p.2

覚えておきたい用語

□①水溶液に電流を流して物質を分解すること。

□②塩化銅水溶液に電流を流したときに発生する気体。

□③塩化銅水溶液に電流を流したときに電極につく赤色の固体。

練習問題

1 塩化銅水溶液に電流を流しました。次の問いに答えましょう。

(1) 陽極は，図のア，イのどちら
ですか。　　　（　　　　　）

(2) 気体が発生したのは，図のア，
イのどちらの電極ですか。
（　　　　　）

(3) (2)で発生した気体は何ですか。
（　　　　　）

(4) 固体がついたのは，図のア，
イのどちらの電極ですか。　　　　　　（　　　　　）

(5) (4)で出てきた固体は何ですか。　　　　　（　　　　　）

(6) 塩化銅水溶液の電気分解を化学反応式で表しましょう。
（　　　　　⟶　　　　　＋　　　　　）

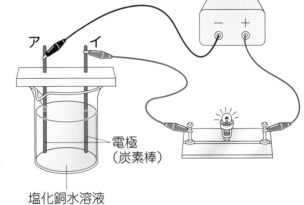

電源装置

ア　イ

電極
（炭素棒）

塩化銅水溶液

まとめ　□塩化銅水溶液を電気分解すると，陰極には赤色の銅がつき，
陽極では気体の塩素が発生する。

③ 物質をつくっているもの

原子の成り立ち

電流が流れる水溶液は分解することができましたね。私たちのまわりにあるものを細かく分解すると，何になるのでしょうか。

1 物質は何でできているの？

　物質を細かくすると，原子（げんし）という小さな粒子（りゅうし）にまで分解することができます。原子は，化学変化でそれ以上に細かくすることができません。

 ふりカエル

原子の性質
①化学変化でそれ以上に分けられない。
②化学変化でなくなったり，新しくできたり，種類が変わったりしない。
③種類によって大きさや質量が決まっている。

2 原子はどんなつくりをしているの？

　原子の中心には原子核（げんしかく）があり，そのまわりには－の電気をもつ電子（でんし）があります。原子核は＋の電気をもつ陽子（ようし）と，電気をもたない中性子（ちゅうせいし）でできています。

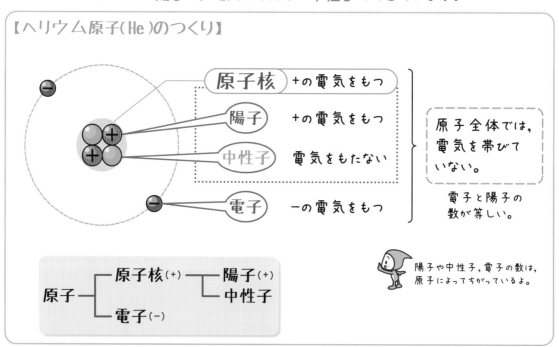

【ヘリウム原子(He)のつくり】

原子核	＋の電気をもつ
陽子	＋の電気をもつ
中性子	電気をもたない
電子	－の電気をもつ

原子全体では，電気を帯びていない。

電子と陽子の数が等しい。

陽子や中性子，電子の数は，原子によってちがっているよ。

原子 ┬ 原子核(+) ┬ 陽子(+)
　　　│　　　　　　└ 中性子
　　　└ 電子(-)

　陽子の数と電子の数は同じで，陽子1個がもつ＋の電気の量は電子1個がもつ－の電気の量と同じです。そのため，原子全体では電気を帯びていません。

→同じ元素でも，中性子の数が異なる原子があるんだ。同位体（どういたい）というよ。

覚えておきたい用語

□①原子の中心にあるもの。＋の電気をもつ。

□②原子核を構成する，＋の電気をもつもの。

□③原子核を構成する，電気をもたないもの。

□④原子核のまわりにある，－の電気をもつもの。

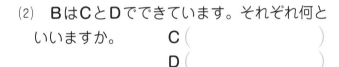

図は，ヘリウム原子のつくりを表しています。次の問いに答えましょう。

(1) 図のA，Bをそれぞれ何といいますか。

A（　　　　　　）

B（　　　　　　）

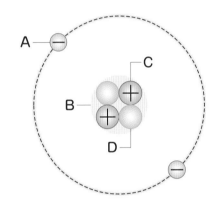

(2) BはCとDでできています。それぞれ何といいますか。

C（　　　　　　）

D（　　　　　　）

(3) 原子全体をみたとき，AとCの数はどのような関係になっていますか。次のア～ウから選びましょう。　　　　　　　　　　（　　　　）

ア　Aのほうが多い。　　　イ　Cのほうが多い。　　　ウ　同じ数である。

(4) 原子全体でみると，どのような電気を帯びていますか。次のア～ウから選びましょう。　　　　　　　　　　（　　　　）

ア　＋の電気　　　イ　－の電気　　　ウ　電気を帯びていない。

□原子は＋の電気をもつ原子核と－の電気をもつ電子からなる。
□原子核は＋の電気をもつ陽子と電気をもたない中性子からなる。

4 原子とイオン

陽イオンと陰イオン

ミネラルウォーターやスポーツドリンクなどで「イオン」という
言葉が登場します。イオンって何なのでしょうか。

1 イオンって何？

原子は電気を帯びると**イオン**になり
ます。

【陽イオンのでき方】

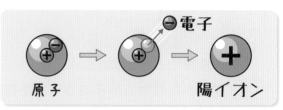

原子が電子を失って，＋の電気を帯び
たものを**陽イオン**といいます。

原子が電子を受けとって，－の電気を
帯びたものを**陰イオン**といいます。

【陰イオンのでき方】

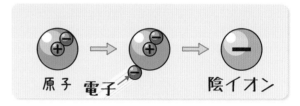

2個以上の電子を失ったり受けとった
りしてイオンになる原子もあります。

2 イオンはどのように表すの？

イオンは，化学式で表します。

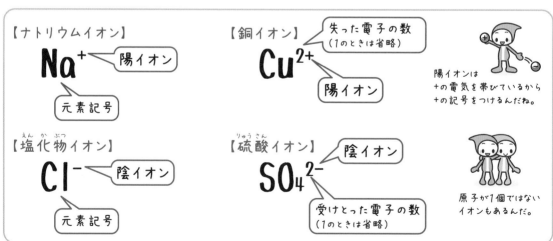

ほかに，水素イオン（H^+），アンモニウムイオン（NH_4^+），マグネシウムイオン（Mg^{2+}），
亜鉛イオン（Zn^{2+}），水酸化物イオン（OH^-），炭酸イオン（CO_3^{2-}）などがあります。

→電子を失うと＋の電気を帯びて，電子を受けとると－の電気を帯びるんだよ。混乱しないでね。

□①原子が電子を失ってできたもの。

□②原子が電子を受けとってできたもの。

] イオンについて，次の問いに答えましょう。

(1) ナトリウムイオンを説明したものとして正しいものを，次のア〜カから３つ
選びましょう。 （　　　　　　　　　）

ア　原子が電子を受けとってできた　　　イ　原子が電子を失ってできた
ウ　＋の電気を帯びている　　　　　　　エ　－の電気を帯びている
オ　陽イオン　　　　　　　　　　　　　カ　陰イオン

(2) 塩化物イオンを説明したものとして正しいものを，(1)のア〜カから３つ選び
ましょう。 （　　　　　　　　　）

(3) 次のイオンを化学式で表しましょう。
① ナトリウムイオン （　　　　　　　　）

② 塩化物イオン （　　　　　　　　）

③ 水酸化物イオン （　　　　　　　　）

④ 水素イオン （　　　　　　　　）

⑤ 亜鉛イオン （　　　　　　　　）

□原子が電子を失ってできたイオンを陽イオンという。
□原子が電子を受けとってできたイオンを陰イオンという。

⑤ 水にとけた食塩のようす

電離

食塩を水にとかすと，食塩が見えなくなってしまいますね。とけた食塩は水の中でどのようになっているのでしょうか。

⭐ 食塩は水にとけるとどうなるの？

塩化ナトリウム（食塩）のような電解質は，水にとけると陽イオンと陰イオンに分かれます。このことを電離といいます。

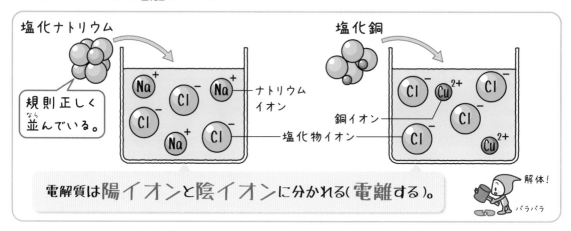

電解質は陽イオンと陰イオンに分かれる（電離する）。

電離のようすは，化学式を使って表すことができます。

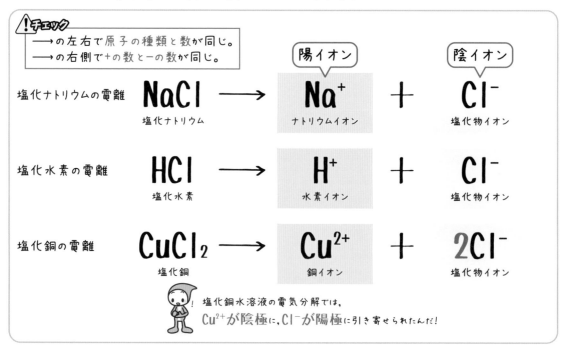

⚠チェック
→の左右で原子の種類と数が同じ。
→の右側で＋の数と－の数が同じ。

陽イオン　陰イオン

塩化ナトリウムの電離 $NaCl \longrightarrow Na^+ + Cl^-$
塩化ナトリウム　ナトリウムイオン　塩化物イオン

塩化水素の電離 $HCl \longrightarrow H^+ + Cl^-$
塩化水素　水素イオン　塩化物イオン

塩化銅の電離 $CuCl_2 \longrightarrow Cu^{2+} + 2Cl^-$
塩化銅　銅イオン　塩化物イオン

塩化銅水溶液の電気分解では，
Cu^{2+}が陰極に，Cl^-が陽極に引き寄せられたんだ！

→食塩は，ナトリウムイオンと塩化物イオンに分かれて水の中に広がっていたんだね。

14

 えておきたい用語

□①電解質が水にとけて，陽イオンと陰イオンに分かれること。

[   ]

□②塩化ナトリウムが電離したときの陽イオン。

[   ]

□③塩化水素が電離したときの陰イオン。

[   ]

練習問題

1　水溶液中での電解質のようすについて，次の問いに答えましょう。

(1)　塩化銅の電離のようすを正しく表したものはどれですか。次の**ア～エ**から選びましょう。　　　　　　　　　　　　　　　　（　　　　）

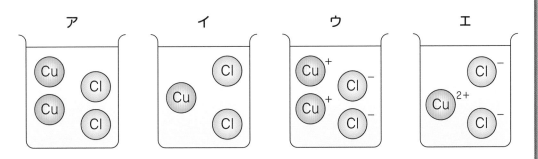

(2)　次の電解質について，電離のようすを化学式や矢印を使って正しく表しましょう。

①　塩化ナトリウム　（　　　　　　　　　　　　　　　　　　　）

②　塩化水素　　　　（　　　　　　　　　　　　　　　　　　　）

③　塩化銅　　　　　（　　　　　　　　　　　　　　　　　　　）

　□電解質が水にとけて陽イオンと陰イオンに分かれることを，電離という。

実験の
ページ

イオンへのなりやすさ

➡答えは別冊 p.3

実験①　イオンへのなりやすさを比べる実験①

実験方法

1. 金属片（マグネシウム片，亜鉛片，銅片）と水溶液（硫酸マグネシウム水溶液，硫酸亜鉛水溶液，硫酸銅水溶液）を用意します。

銅，亜鉛，マグネシウムのイオンがふくまれている水溶液だ！

2. それぞれの金属片をそれぞれの水溶液に入れ，変化を観察します。

実験結果

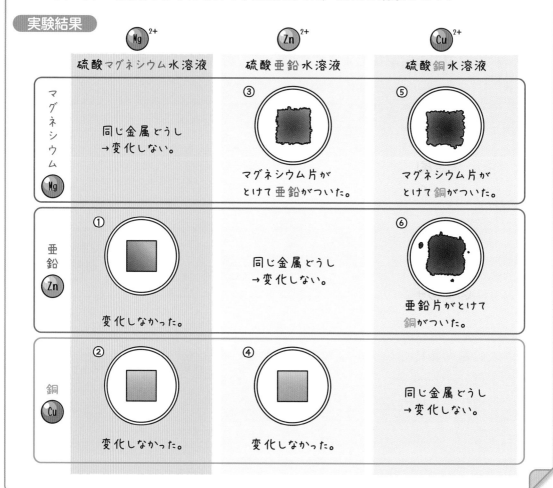

練 習 問 題 ①　　実験①について，次の問いに答えましょう。

(1) 亜鉛片を硫酸銅水溶液に入れると，亜鉛片に固体がつきました。この固体は何ですか。
　　　　　　　　　　　　　　　　　　　　　　　　（　　　　　　　　）

実験② イオンへのなりやすさを比べる実験②

実験①の結果をまとめます。

> ・金属片がとけた → 金属片の金属原子が**イオンになった**！
> ・金属がついた → 水溶液中の**イオンが金属原子になった**！

	硫酸マグネシウム水溶液	硫酸亜鉛水溶液	硫酸銅水溶液
マグネシウム Mg	Mgがイオン,Znが原子に！	③$Mg→Mg^{2+}$に$Zn^{2+}→Zn$に	⑤$Mg→Mg^{2+}$に$Cu^{2+}→Cu$に
亜鉛 Zn	①$Zn→Zn$のまま$Mg^{2+}→Mg^{2+}$のまま	Mgがイオン,Cuが原子に！	⑥$Zn→Zn^{2+}$に$Cu^{2+}→Cu$に
銅 Cu	②$Cu→Cu$のまま$Mg^{2+}→Mg^{2+}$のまま	④$Cu→Cu$のまま$Zn^{2+}→Zn^{2+}$のまま	Znがイオン,Cuが原子に！

> ・金属によって**イオンへのなりやすさ**がちがいます。
> →**イオンになりやすい**ほうの原子がイオンになる！

> ①と③→亜鉛よりもマグネシウムのほうがイオンになりやすい。
> ②と⑤→銅よりもマグネシウムのほうがイオンになりやすい。
> ④と⑥→銅よりも亜鉛のほうがイオンになりやすい。

> イオンになりやすい順は，
> マグネシウム(Mg)>亜鉛(Zn)>銅(Cu)

練習問題 2

実験②について，次の問いに答えましょう。

(1) 実験①の結果と実験②から，銅，亜鉛，マグネシウムをイオンになりやすい順に並べましょう。

（　　　　　→　　　　　→　　　　　）

⑥ 電池のしくみ

電池

電池はいろいろなところで使われています。電池の中には電気が
池の水のようにためられているのでしょうか。

① 電池ってどんなもの？

物質のもつ化学エネルギーを化学変化を利用
して電気エネルギーに変換する装置を電池（化
学電池）といいます。

亜鉛板　銅板

電流が
流れた！

うすい
塩酸

うすい塩酸などの電解質の水溶液に，銅板と
亜鉛板のような2種類の金属板を入れて導線で
つなぐと，電池ができます。

→乾電池は，電気がたくさんためられている池ではなく，電気をとり出すための装置なんだ。

② ダニエル電池ってどんなもの？

ダニエル電池は，右上の写真の電池を改良した電池です。

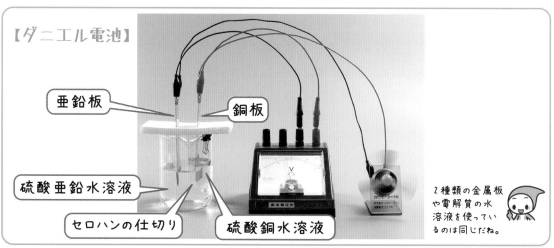

【ダニエル電池】

亜鉛板

銅板

硫酸亜鉛水溶液

セロハンの仕切り

硫酸銅水溶液

2種類の金属板
や電解質の水
溶液を使ってい
るのは同じだね。

セロハンの仕切りを使うと，2種類の水溶液が簡単には混ざりません。

また，セロハンには小さな穴があいていて，水の粒子や必要なイオンは通ることができ
ます。2種類の水溶液の間でイオンを交換できるので，長時間使えます。

→セロハンのかわりに，素焼きの容器を使って水溶液を仕切ってもいいんだって。

覚 えておきたい用語

□①物質のもつ化学エネルギーを化学変化を利用して電気エネルギーに変換する装置。

□②亜鉛板，銅板，硫酸亜鉛水溶液，硫酸銅水溶液，セロハンを用いた電池。

練習問題

1 図のように，硫酸亜鉛水溶液，硫酸銅水溶液，金属板Ａ，Ｂを用いてダニエル電池をつくりました。次の問いに答えましょう。

(1) 物質の化学変化を利用して電気エネルギーをとり出す装置のことを何といいますか。（　　　　　）

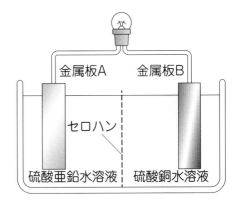

(2) 図の金属板の組み合わせとしてよいのはどれですか。次のア～エから選びましょう。（　　　　　）

ア　Ａ：亜鉛　　Ｂ：亜鉛　　イ　Ａ：銅　　Ｂ：銅
ウ　Ａ：亜鉛　　Ｂ：銅　　　エ　Ａ：銅　　Ｂ：亜鉛

(3) 図のセロハンはどのような役割をしていますか。次のア，イから選びましょう。（　　　　　）

ア　2種類の水溶液を混ざりやすくする。
イ　2種類の水溶液がすぐに混ざらないようにする。

　□亜鉛板，銅板，硫酸亜鉛水溶液，硫酸銅水溶液，セロハンを用いた電池を**ダニエル電池**という。

7 水溶液と電池

電池とイオン

水溶液と金属板から電気エネルギーがとり出せることを学びましたね。では，その電気はどこからやってきたのでしょうか。

⭐ 電気はどのようにつくられるの？

ダニエル電池のしくみを，モデルで考えます。

【ダニエル電池のしくみ】

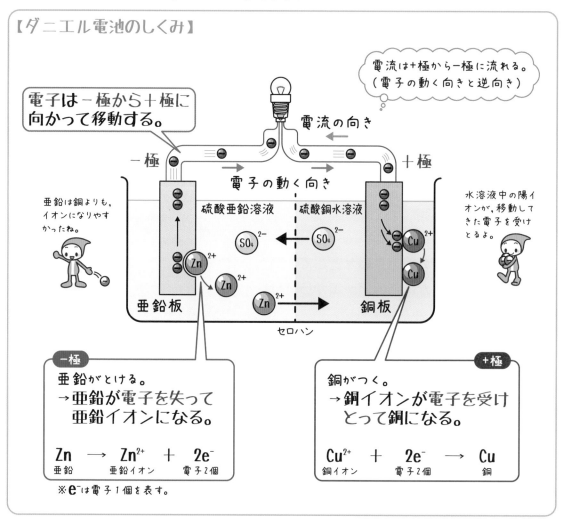

電流は＋極から－極に流れる。（電子の動く向きと逆向き）

電子は－極から＋極に向かって移動する。

電流の向き

電子の動く向き

亜鉛は銅よりも，イオンになりやすかったね。

水溶液中の陽イオンが，移動してきた電子を受けとるよ。

－極
硫酸亜鉛溶液　硫酸銅水溶液
SO_4^{2-} ← SO_4^{2-} Cu^{2+}
Zn^{2+} Zn^{2+} Cu
Zn^{2+} →
亜鉛板　　セロハン　　銅板
＋極

－極
亜鉛がとける。
→亜鉛が電子を失って亜鉛イオンになる。

$$Zn \rightarrow Zn^{2+} + 2e^-$$
亜鉛　　亜鉛イオン　　電子2個

※e^-は電子1個を表す。

＋極
銅がつく。
→銅イオンが電子を受けとって銅になる。

$$Cu^{2+} + 2e^- \rightarrow Cu$$
銅イオン　　電子2個　　銅

電子は－極から＋極に向かって移動します。この電子の移動によって電流が流れます。

　亜鉛板では，亜鉛が亜鉛イオンになってとけ出し，電子が残されます。この電子は導線を通って銅板に移動します。銅板では，水溶液中の銅イオンが電子を受けとっています。よって，亜鉛板が－極，銅板が＋極になります。

覚 えておきたい用語

□①電池で，−極から＋極に向かって移動するもの。

□②ダニエル電池をつくったとき，＋極につく固体。

1 図のダニエル電池に電流を流します。次の問いに答えましょう。

(1) 図で，電子を失って陽イオンに
　　なるのは，亜鉛板と銅板のどちら
　　ですか。
　　　　　　　（　　　　　　　　　　）

(2) (1)でできる陽イオンを化学式で
　　表しましょう。
　　　　　　　（　　　　　　　　　　）

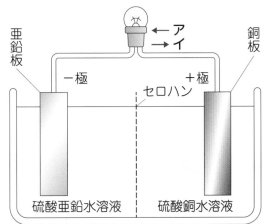

亜鉛板　　　　　　　　　　　　　　　銅板

←ア
→イ

−極　　　　　　　　　　＋極
　　　　　　　　　　セロハン

硫酸亜鉛水溶液　　　　硫酸銅水溶液

(3) 図で，水溶液中の陽イオンが電
　　子を受けとって原子になるのは，亜鉛板と銅板のどちらですか。
　　　　　　　　　　　　　　　　　　　（　　　　　　　　　　）

(4) (3)で金属板につく固体は何ですか。　　　（　　　　　　　　　　）

(5) 図で，電子の移動する向き，電流の流れる向きはそれぞれア，イのどちらで
　　すか。
　　　　　　　　　　　　　　　　　　　　電子（　　　　　　　）
　　　　　　　　　　　　　　　　　　　　電流（　　　　　　　）

まとめ
□ダニエル電池の−極では，亜鉛が電子を失って亜鉛イオンになる。
□ダニエル電池の＋極では，水溶液中の銅イオンが電子を受けとる。

➡答えは別冊 p.4

実験のページ 水溶液の性質

実験①　水溶液の性質(1)

実験方法

1. 酸性の水溶液とアルカリ性の水溶液を用意します。

2. 水溶液に電流が流れるかどうかを調べます。

ビリッ！

電解質の水溶液なら，
電流が流れるね。

3. 水溶液にマグネシウムリボンを入れ，
ようすを調べます。

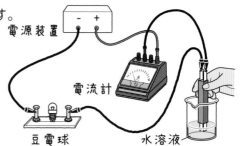

電源装置

電流計

豆電球　　　　　　　　水溶液

実験結果

水溶液	酸性の水溶液	アルカリ性の水溶液
電流	流れる。	流れる。
マグネシウムリボンのようす	水素が発生	水素は発生しない

電解質の水溶液

発生した水素を
集めて火を近づ
けると…
水素が燃える！

ボッ！

・酸性の水溶液も，アルカリ性の水溶液も，電流が流れる。
・酸性の水溶液にマグネシウムリボンを入れると，水素が発生する。

練習問題①　実験①について，次の問いに答えましょう。

(1) 電流が流れる水溶液を，次のア〜ウから選びましょう。　　（　　　）

　　ア　酸性の水溶液だけ　　　　イ　アルカリ性の水溶液だけ
　　ウ　酸性の水溶液とアルカリ性の水溶液の両方

(2) マグネシウムリボンを入れたとき，気体が発生する水溶液を，(1)のア〜ウから選びましょう。　　（　　　）

(3) (2)で発生した気体は何ですか。　　（　　　）

実験② 水溶液の性質(2)

酸性，中性，アルカリ性の水溶液の性質を比べます。

水溶液	酸性	中性	アルカリ性
pH	7より小さい	7	7より大きい
リトマス紙	青→赤	青→青	青→青
	赤→赤	赤→赤	赤→青
BTB溶液	黄色	緑色	青色
フェノールフタレイン溶液	無色	無色	赤色

ピーエイチ
pH
酸性・アルカリ性の強さを表す数値。

これらの溶液は指示薬とよばれるよ。

練習問題2　実験②について，次の問いに答えましょう。

(1) 酸性，アルカリ性の水溶液にBTB溶液を入れると，それぞれ何色に変化しますか。　　　酸性（　　　　　）　　アルカリ性（　　　　　）

(2) 青色リトマス紙を赤色に変えるのは，どの水溶液ですか。次の**ア**〜**ウ**からすべて選びましょう。（　　　　　）

　ア　酸性の水溶液　　　**イ**　中性の水溶液　　　**ウ**　アルカリ性の水溶液

(3) pHが7より大きいのは，どの水溶液ですか。(2)の**ア**〜**ウ**からすべて選びましょう。（　　　　　）

(4) フェノールフタレイン溶液を赤色に変えるのは，どの水溶液ですか。(2)の**ア**〜**ウ**からすべて選びましょう。（　　　　　）

⑧ 酸性の水溶液

酸性の「酸」と酸味の「酸」には同じ字を使いますね。酸性の水溶液には，何かすっぱいものがふくまれているのでしょうか。

すっぱい

⭐ 酸性の水溶液には何がふくまれているの？

酸性の水溶液には，共通して水素イオンがふくまれています。

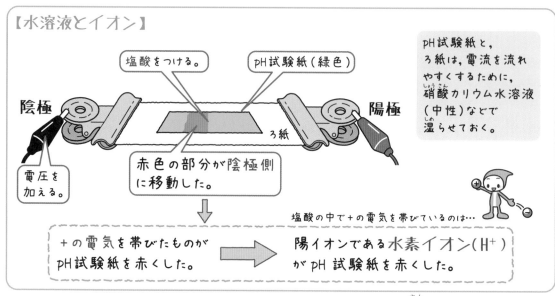

【水溶液とイオン】

pH試験紙と，ろ紙は，電流を流れやすくするために，硝酸カリウム水溶液（中性）などで温らせておく。

塩酸をつける。　pH試験紙（緑色）

陰極　　　　　　　　　　　　　　　　陽極

ろ紙

電圧を加える。

赤色の部分が陰極側に移動した。

塩酸の中で＋の電気を帯びているのは…

＋の電気を帯びたものがpH試験紙を赤くした。　→　陽イオンである水素イオン（H⁺）がpH試験紙を赤くした。

水溶液にしたときに電離して，水素イオン（H⁺）を生じる物質を酸といいます。

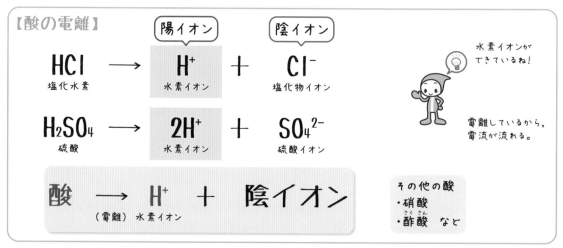

【酸の電離】

陽イオン　　　陰イオン

$HCl \longrightarrow H^+ + Cl^-$
塩化水素　　　水素イオン　　塩化物イオン

水素イオンができているね！

$H_2SO_4 \longrightarrow 2H^+ + SO_4^{2-}$
硫酸　　　　水素イオン　　硫酸イオン

電離しているから，電流が流れる。

酸 $\longrightarrow H^+ +$ 陰イオン
（電離）水素イオン

その他の酸
・硝酸
・酢酸　など

酸を水にとかした水溶液は，酸性を示します。

→酸性の水溶液に共通してふくまれているのは，すっぱいものではなく，水素イオンなんだよ。ただ，私たちの身近にもたくさんあるすっぱい味のものは，酸性を示すよ。

覚 えておきたい用語

□①酸性の水溶液に共通してふくまれているイオン。

□②水溶液にしたときに電離して，水素イオンを生じる物質。

練習問題

1 図のように，pH試験紙の上にうすい塩酸をつけて，電圧を加えました。次の問いに答えましょう。

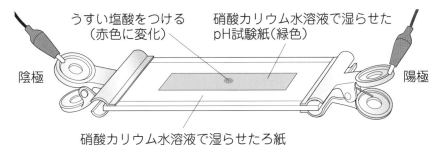

うすい塩酸をつける（赤色に変化）

硝酸カリウム水溶液で湿らせたpH試験紙（緑色）

陰極　　　　　　　　　　　　　　　　　　　　　　　　　　　　陽極

硝酸カリウム水溶液で湿らせたろ紙

(1) 赤色の部分は，どちら側に移動しますか。次のア〜ウから選びましょう。

（　　　　　）

ア 陽極側　　　　**イ** 陰極側　　　　**ウ** 陽極側と陰極側

(2) pH試験紙の色を赤色にしたのは，何というイオンですか。化学式で答えましょう。　　　　　　　　　　　　　　　　　　　　　　　（　　　　　）

(3) 水溶液にしたときに電離して，(2)のイオンを生じる物質のことを何といいますか。　　　　　　　　　　　　　　　　　　　　　　（　　　　　）

(4) 塩酸（塩化水素）が電離しているようすを，化学式を使って表しましょう。

（　　　　　）

まとめ

□酸性の水溶液には水素イオン（H^+）がふくまれる。

□電離して水素イオンを生じる物質を酸という。

⑨ アルカリ性の水溶液

アルカリ

アルカリ性の「アルカリ」の語源は植物の灰です。アルカリ性の水溶液には，灰の成分がふくまれているのでしょうか。

★ アルカリ性の水溶液には何がふくまれているの？

アルカリ性の水溶液には，共通して水酸化物イオンがふくまれています。

【水溶液とイオン】

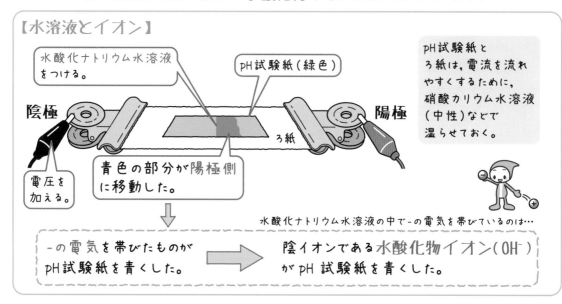

水酸化ナトリウム水溶液をつける。

pH試験紙（緑色）

陰極　　　　　　　　　　　　　　　陽極

ろ紙

電圧を加える。

青色の部分が陽極側に移動した。

pH試験紙とろ紙は，電流を流れやすくするために，硝酸カリウム水溶液（中性）などで湿らせておく。

水酸化ナトリウム水溶液の中で−の電気を帯びているのは…

−の電気を帯びたものがpH試験紙を青くした。 ➡ 陰イオンである水酸化物イオン（OH^-）がpH試験紙を青くした。

水溶液にしたときに電離して，水酸化物イオン（OH^-）を生じる物質をアルカリといいます。

【アルカリの電離】

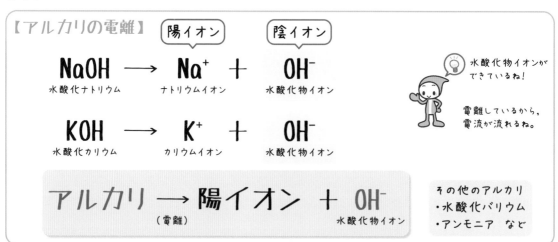

陽イオン　　　陰イオン

$$NaOH \longrightarrow Na^+ + OH^-$$
水酸化ナトリウム　　ナトリウムイオン　　水酸化物イオン

$$KOH \longrightarrow K^+ + OH^-$$
水酸化カリウム　　カリウムイオン　　水酸化物イオン

$$アルカリ \longrightarrow 陽イオン + OH^-$$
（電離）　　　　　　　　水酸化物イオン

水酸化物イオンができているね！

電離しているから，電流が流れるね。

その他のアルカリ
・水酸化バリウム
・アンモニア　など

アルカリを水にとかした水溶液は，アルカリ性を示します。

→アルカリ性の水溶液に共通していたのは，水酸化物イオンなんだ。「水酸化〜」というアルカリが多いよね。

覚 えておきたい用語

□①アルカリ性の水溶液に共通してふくまれているイオン。

□②水溶液にしたときに電離して，水酸化物イオンを生じる物質。

1 図のように，pH試験紙の上にうすい水酸化ナトリウム水溶液をつけて，電圧を加えました。次の問いに答えましょう。

うすい水酸化ナトリウム水溶液
をつける（青色に変化）　　　硝酸カリウム水溶液で
　　　　　　　　　　　　湿らせたpH試験紙（緑色）

陰極　　　　　　　　　　　　　　　　　　　　陽極

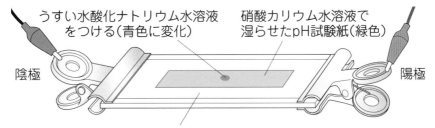

硝酸カリウム水溶液で湿らせたろ紙

⑴ 青色の部分が移動するのは陽極側ですか，陰極側ですか。

（　　　　　　）

⑵ ⑴でpH試験紙の色を青色にしたのは，何というイオンですか。化学式で答えましょう。

（　　　　　　）

⑶ 水溶液にしたときに電離して，⑵のイオンを生じる物質のことを何といいますか。

（　　　　　　）

⑷ 水酸化ナトリウムが電離しているようすを，化学式を使って表しましょう。

（　　　　　　）

まとめ
□アルカリ性の水溶液には水酸化物イオン（OH^-）がふくまれる。
□電離して水酸化物イオンを生じる物質をアルカリという。

10 水溶液を混ぜたとき①

中和

ある地域では，川にくだいた石灰石（せっかいせき）を混ぜた水を流していました。
何のために石灰石を流しているのでしょうか。

⭐ 酸とアルカリの水溶液を混ぜると？

　酸の水溶液とアルカリの水溶液を混ぜ合わせると，たがいの性質を打ち消し合う反応が
起こります。これを中和（ちゅうわ）といいます。

【中和】
　塩酸（酸）に水酸化ナトリウム水溶液（アルカリ）を加えます。

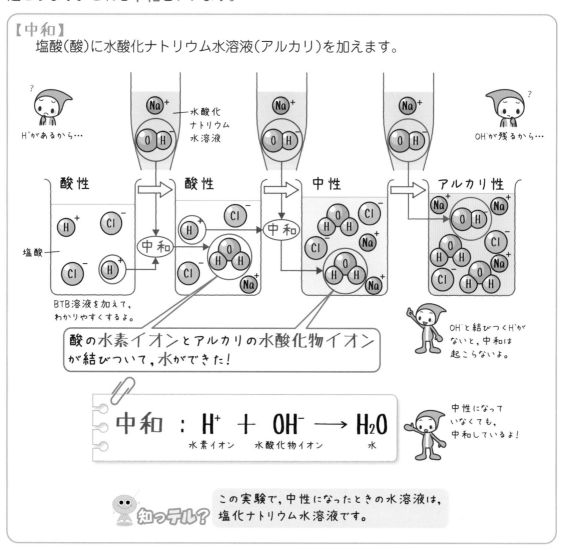

中和 : H⁺ + OH⁻ → H₂O

$$中和 : H^+ + OH^- \longrightarrow H_2O$$

水素イオン　　　水酸化物イオン　　　水

この実験で，中性になったときの水溶液は，
塩化ナトリウム水溶液です。

　中和が起こるとき，水素イオンと水酸化物イオンが結びついて，水ができます。

→一部の地域の川は，くぎをとかしてしまうほどに強い酸性になっていたよ。そこで，石灰石を混ぜることで中和して，
　川の水を中性に近づけているんだ。これによって，生き物もすめるようになったんだって。

➡答えは別冊 p.4

覚 えておきたい用語

□①酸とアルカリの水溶液を混ぜたときの，たがいの性質を打ち消し合う反応。

□②酸の水素イオンとアルカリの水酸化物イオンが結びついてできる物質。

練習問題

1 　うすい塩酸にうすい水酸化ナトリウム水溶液を加えたときの反応について，次の問いに答えましょう。

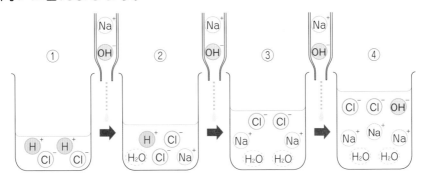

(1)　酸の性質とアルカリの性質を打ち消し合う反応のことを何といいますか。

（　　　　　　　　　）

(2)　(1)の反応が起こっているのは，次のア～ウのどのときですか。すべて選びましょう。 （　　　　　　　　　）

　ア　①→②のとき　　　　イ　②→③のとき　　　　ウ　③→④のとき

(3)　(1)の反応について，　　　にあてはまる化学式をかきましょう。

H^+ ＋ （　　　　　　） ⟶ （　　　　　　）

　□酸とアルカリの性質を打ち消し合う反応を中和という。
　□中和では，水ができる。（$H^+ + OH^- \longrightarrow H_2O$）

11 水溶液を混ぜたとき②

塩

塩酸に水酸化ナトリウム水溶液を適量混ぜると，食塩水ができます。食塩はどこからやってきたのでしょうか。

⭐ 中和が起こると，何ができるの？

中和が起こると，酸の陰イオンとアルカリの陽イオンが結びついて，塩（えん）ができます。

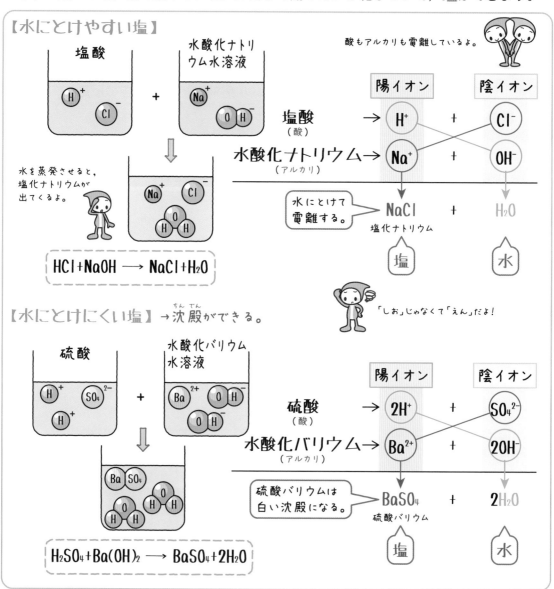

【水にとけやすい塩】

塩酸 ＋ 水酸化ナトリウム水溶液

酸もアルカリも電離しているよ。

陽イオン		陰イオン

塩酸（酸） → H^+ ＋ Cl^-

水酸化ナトリウム（アルカリ）→ Na^+ ＋ OH^-

水を蒸発させると，塩化ナトリウムが出てくるよ。

水にとけて電離する。 $NaCl$ ＋ H_2O

塩化ナトリウム

塩　水

$$HCl + NaOH \longrightarrow NaCl + H_2O$$

「しお」じゃなくて「えん」だよ！

【水にとけにくい塩】→沈殿（ちんでん）ができる。

硫酸 ＋ 水酸化バリウム水溶液

陽イオン		陰イオン

硫酸（酸） → $2H^+$ ＋ $SO_4{}^{2-}$

水酸化バリウム（アルカリ）→ Ba^{2+} ＋ $2OH^-$

硫酸バリウムは白い沈殿になる。 $BaSO_4$ ＋ $2H_2O$

硫酸バリウム

塩　水

$$H_2SO_4 + Ba(OH)_2 \longrightarrow BaSO_4 + 2H_2O$$

塩には，水にとけやすいものと，とけにくいものがあります。

→塩酸の塩化物イオンと水酸化ナトリウム水溶液のナトリウムイオンで，塩化ナトリウム（食塩）ができていたんだ。

覚 えておきたい用語

□①酸の陰イオンとアルカリの陽イオンが結びついてできた物質。

□②塩酸に水酸化ナトリウム水溶液を加えてできる塩。

□③硫酸に水酸化バリウム水溶液を加えてできる塩。

1 酸の水溶液とアルカリの水溶液を混ぜ合わせたときのようすについて，次の問いに答えましょう。

(1) 中和が起こると，水とは別の物質もできます。この物質のことをいっぱんに何といいますか。 （　　　　　　　　）

(2) (1)の物質は，どのようにしてできますか。次の**ア～エ**から正しいものを選びましょう。 （　　　　　　　　）

    ア 酸の陽イオンとアルカリの陽イオンが結びついてできる。
    イ 酸の陽イオンとアルカリの陰イオンが結びついてできる。
    ウ 酸の陰イオンとアルカリの陽イオンが結びついてできる。
    エ 酸の陰イオンとアルカリの陰イオンが結びついてできる。

(3) 塩酸と水酸化ナトリウム水溶液の中和のときにできた(1)の物質は，水にとけやすいですか，とけにくいですか。 （　　　　　　　　）

(4) 硫酸と水酸化バリウム水溶液の中和のときにできた(1)の物質は，水にとけやすいですか，とけにくいですか。 （　　　　　　　　）

 □酸の陰イオンとアルカリの陽イオンが結びついて，塩ができる。

まとめのテスト

勉強した日	得点
月　　日	／100点

➡答えは別冊 p.5

1 水溶液と電流について、次の問いに答えなさい。 6点×2(12点)

(1) 次の物質を水にとかしたとき、電流が流れるものをすべて選びなさい。

（　　　　　　　　　　）

　　ア　エタノール　　　イ　塩化ナトリウム　　　ウ　塩化水素　　　エ　砂糖

(2) (1)のように、水にとかしたときに電流が流れる物質を何といいますか。

（　　　　　　　　　　）

2 塩化銅水溶液に電流を流し、電気分解を行いました。次の問いに答えなさい。

5点×4(20点)

(1) 塩化銅の電離について、次の①、②にあてはまる化学式をそれぞれかきなさい。

$CuCl_2 \longrightarrow$ （　①　） + 2（　②　）

①（　　　　　　　）　②（　　　　　　　）

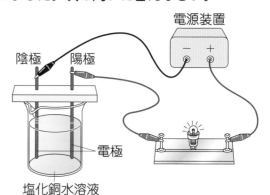

(2) この実験で、陽極と陰極ではどのような変化が起こっていますか。次のア～エからそれぞれ選びなさい。

陽極（　　　　　）　陰極（　　　　　）

　　ア　電極がとけてなくなる。　　　イ　電極から気体が発生する。
　　ウ　電極に赤色の物質がつく。　　エ　変化が起こらない。

3 図は、ヘリウム原子のつくりを模式的に表したものです。次の問いに答えなさい。

6点×3(18点)

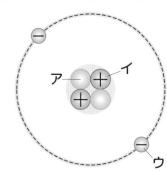

(1) 図のアは電気をもたず、イは＋の電気をもっています。ア、イをそれぞれ何といいますか。

　　ア（　　　　　　　）　イ（　　　　　　　）

(2) アとイのまわりにあるウを何といいますか。

（　　　　　　　　　　）

4 図のように，硫酸亜鉛水溶液，硫酸銅水溶液，亜鉛板，銅板を使ってダニエル電池を
つくりました。次の問いに答えなさい。　　　　　　　　　　　　　　　5点×4（20点）

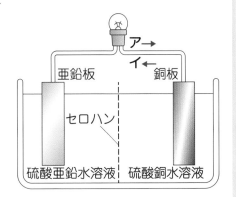

(1) 亜鉛板と銅板では，どのような変化が起こって
　　いますか。次の**ア**～**エ**からそれぞれ選びなさい。

　　　　　　亜鉛板（　　　　　）　　　　銅板（　　　　　）

　　　ア　亜鉛板がとける。
　　　イ　銅板がとける。
　　　ウ　亜鉛がつく。
　　　エ　銅がつく。

(2) ＋極になっているのは，亜鉛板と銅板のどちらですか。　　　（　　　　　）

(3) 電子はどの向きに移動しますか。図の**ア**，**イ**から選びなさい。　　　（　　　　　）

5 BTB溶液を加えたうすい塩酸に，うすい水酸化ナトリウム水溶液を少しずつ加えま
した。次の問いに答えなさい。　　　　　　　　　　　　　　　5点×6（30点）

(1) うすい塩酸にBTB溶液を加えると，何色になり
　　ますか。　　　　　　　　　（　　　　　）

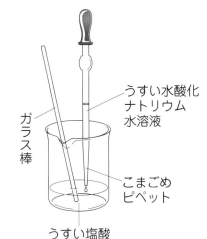

(2) 酸性の水溶液に共通してふくまれているイオンは
　　何イオンですか。　　　　（　　　　　）

(3) 酸の水溶液とアルカリの水溶液を混ぜたとき，た
　　がいの性質を打ち消し合う反応が起こりました。こ
　　れを何といいますか。　　　　（　　　　　）

(4) (3)の反応を，イオンの化学式を用いて表しなさい。
　　　（　　　　　　　　　＋　　　　　　　　　⟶　　　　　　　　　）

(5) 塩酸中の陰イオンと，水酸化ナトリウム水溶液中の陽イオンが結びついてできる物
　　質の化学式をかきなさい。　　　　　　　　　　　　　　　（　　　　　）

(6) (5)のような，酸の陰イオンとアルカリの陽イオンが結びついてできる物質のことを，
　　いっぱんに何といいますか。　　　　　　　　　　　　　　（　　　　　）

特集 いろいろな電池を知ろう！

一次電池と二次電池

〈一次電池〉

充電できない電池

マンガン乾電池

乾電池はいろいろ
なところで使われ
ているね。

リチウム電池

アルカリ乾電池も
一次電池だよ。

〈二次電池〉

充電することで，くり返し使える電池

リチウムイオン電池

携帯電話などで
使われているよ。

鉛蓄電池

車のバッテリーに
使われているよ。

ニッケル水素電池
も二次電池だよ。

燃料電池

エコカーなどで話題になる燃料電池も電池の1つです。

燃料電池では，酸素と水素を反応させて，電気エネルギーをとり出しています。

燃料電池
のしくみ

$$2H_2 \quad + \quad O_2 \quad \longrightarrow \quad 2H_2O \quad + \quad 電気エネルギー$$

水素 　　　　　酸素 　　　　　　水

 ふりカエル

 水の電気分解： $2H_2O \longrightarrow 2H_2 + O_2$

電気エネルギー

 水の電気分解と
逆の化学変化
だね。 ハッ

 電気エネルギーをとり出すとき
に，水しか発生しないんだよ。

 環境への悪影響が少ない電池と
して注目されているんだって。

生命の連続性

この章では、
生物の成長や親から子への
遺伝の規則性などについて
学習します。

12 生物が成長するしくみ

細胞の変化と成長

赤ちゃんのころから比べると，私たちの体はとても大きく成長していますね。どのようにして成長したのでしょうか。

⭐ 生物の体はどのように成長するの？

生物の体は細胞（さいぼう）が集まってできています。生物が成長するとき，細胞の数がふえるとともに，ふえた細胞の１つ１つも大きくなります。

生物の１つの細胞が分かれて２つの細胞になることを細胞分裂（さいぼうぶんれつ）といいます。生物は，細胞分裂をくり返すことで，細胞の数をふやしています。

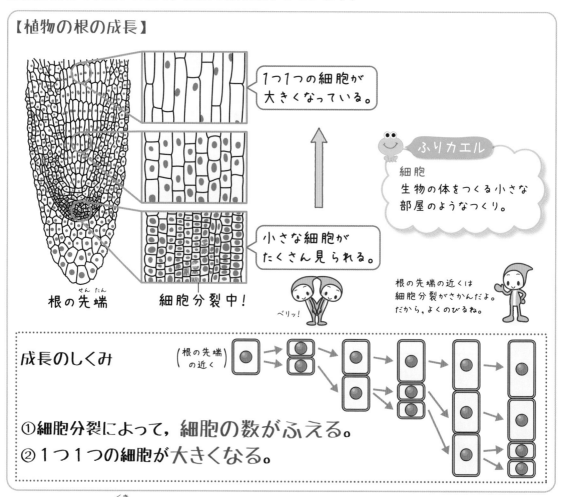

【植物の根の成長】

1つ1つの細胞が大きくなっている。

ふりカエル

細胞
生物の体をつくる小さな部屋のようなつくり。

小さな細胞がたくさん見られる。

根の先端（せんたん）　　細胞分裂中！

ベリッ！

根の先端の近くは細胞分裂がさかんだよ。だから，よくのびるね。

成長のしくみ　（根の先端の近く）

①細胞分裂によって，細胞の数がふえる。
②１つ１つの細胞が大きくなる。

植物では，根や茎（くき）の先端に近い部分で細胞分裂がさかんに行われています。

→細胞は，永遠に細胞分裂を続けるわけでもないんだ。

➡答えは別冊 p.5

覚 えておきたい用語

□①生物の体をつくる，小さな部屋の１つ１つのこと。

□②１つの細胞が２つに分かれること。

練 習 問 題

1 生物の細胞と成長について，次の問いに答えましょう。

図1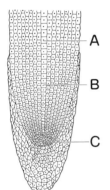

図2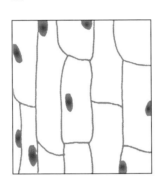

図3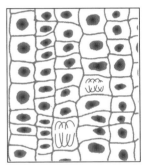

(1) 生物の１つの細胞が２つに分かれることを何といいますか。

( )

(2) 図１は植物の根の先端のようすです。(1)が最もさかんに行われているのは，A～Cのどの部分ですか。

( )

(3) タマネギの根のようすを観察しました。根もとに近い部分を観察したものは図２，図３のどちらですか。

( )

(4) 生物の成長について，次のア，イから正しいものを選びましょう。

( )

ア 細胞分裂によって数がふえ，その１つ１つが大きくなる。

イ 細胞分裂によって数がふえるが，その大きさは変わらない。

 □生物の体は，細胞分裂によって細胞の数をふやし，ふえたそれぞれの細胞が大きくなることで成長する。

13 新しい細胞のつくり方

細胞分裂のしかた

細胞は２つに分かれることを学びました。無理やり引きちぎられるのでしょうか。きれいに切り分けられるのでしょうか。

★ 細胞はどのように分裂するの？

植物の細胞分裂のようすを観察すると，細胞の中にひものような**染色体**が見られます。染色体は，細胞分裂が始まると見えるようになります。

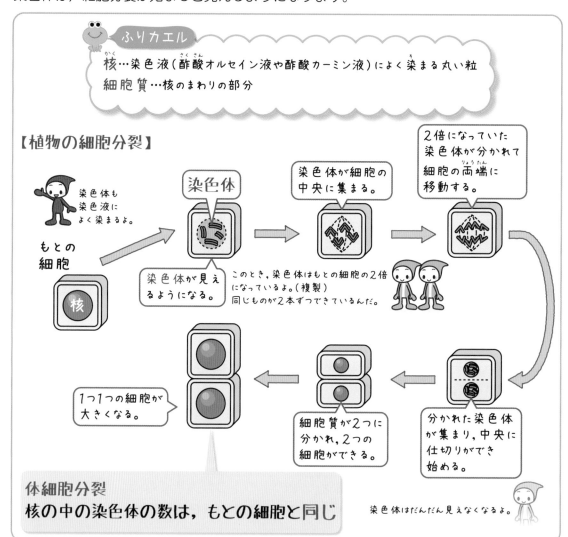

ふりカエル

核…染色液（酢酸オルセイン液や酢酸カーミン液）によく染まる丸い粒

細胞質…核のまわりの部分

【植物の細胞分裂】

染色体も染色液によく染まるよ。

もとの細胞

核

染色体が見えるようになる。

染色体

染色体が細胞の中央に集まる。

このとき，染色体はもとの細胞の２倍になっているよ。（複製）同じものが２本ずつできているんだ。

２倍になっていた染色体が分かれて細胞の両端に移動する。

分かれた染色体が集まり，中央に仕切りができ始める。

細胞質が２つに分かれ，２つの細胞ができる。

１つ１つの細胞が大きくなる。

体細胞分裂
核の中の染色体の数は，もとの細胞と同じ

染色体はだんだん見えなくなるよ。

分裂後の細胞の核には，分裂前の細胞と同じ数の染色体がふくまれています。このような細胞分裂のことを，**体細胞分裂**といいます。

→細胞分裂のしかたにはきまりがあるんだね。だから，体じゅうのどの細胞も，染色体の数が等しくなっているよ。

➡答えは別冊 p.5

覚 えておきたい用語

□①１つの細胞に１つあり，染色液によく染まるもの。

□②細胞分裂のときに見られるひものようなもの。

□③分裂の前後の染色体の数が同じである細胞分裂。

練習問題

1 図は，植物の細胞分裂のようすを表したものです。次の問いに答えましょう。

(1) 図のＡ〜Ｆの細胞を，細胞分裂の順に並べ，記号を書きましょう。ただし，Ａを最初とします。

（ Ａ → → → → ）

(2) Ｅの細胞に見られる，ひものようなものを何といいますか。

（ ）

(3) 細胞分裂の前と後で，細胞の核の中の(2)の数はどのようになっていますか。次のア〜ウから選びましょう。

（ ）

ア 分裂後は分裂前の２倍になる。
イ 分裂後は分裂前の半分になる。
ウ 分裂の前後で変化しない。

(4) (3)のようになる細胞分裂を何といいますか。

（ ）

A

B

C

D

E

F

□細胞分裂のとき，細胞の中に染色体が見られるようになる。
□体細胞分裂では，分裂の前後で染色体の数が変化しない。

14 親とまったく同じ子

無性生殖

> 子どもが生まれるためには，親が必要ですよね。親とまったく同じ特徴をもつ子どもが生まれる生物はいるでしょうか。

★ 親とまったく同じ子どもができるの？

生物が子をつくることを生殖（せいしょく）といいます。生物は生殖によってなかまをふやします。

単細胞（たんさいぼう）生物の多くは，体細胞分裂で体を2つに分けて，なかまをふやします。また，植物には，体の一部から新しい個体をつくる（栄養生殖（えいようせいしょく））ものがあります。

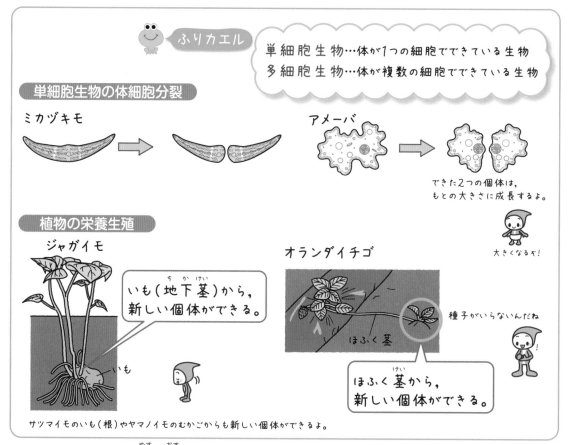

ふりカエル

単細胞生物…体が1つの細胞でできている生物
多細胞生物…体が複数の細胞でできている生物

単細胞生物の体細胞分裂

ミカヅキモ

アメーバ

できた2つの個体は，もとの大きさに成長するよ。

大きくなるぞ！

植物の栄養生殖

ジャガイモ

いも（地下茎（ちかけい））から，新しい個体ができる。

いも

オランダイチゴ

種子がいらないんだね

ほふく茎（けい）

ほふく茎から，新しい個体ができる。

サツマイモのいも（根）やヤマノイモのむかごからも新しい個体ができるよ。

このように，両親（雌（めす）と雄（おす））を必要とせず，親の体の一部が新しい個体（子）になるような生殖を無性生殖（む せいせいしょく）といいます。

無性生殖では，親と子が同じ特徴をもっています。

→おいしいジャガイモを土に植えておくと，芽を出すよ。やがて，もとのイモと同じおいしいイモができるかな。

➡答えは別冊 p.6

覚えておきたい用語

□①生物が新しい個体(子)をつくること。

□②親の体の一部が新しい個体になる生殖。単細胞生物の細胞分裂や植物の栄養生殖など。

1 図1はミカヅキモやアメーバのふえ方，図2はジャガイモのふえ方を表しています。次の問いに答えましょう。

図1　ミカヅキモ

図2　ジャガイモ

アメーバ

(1) ミカヅキモやアメーバのように，体が1つの細胞でできている生物を何といいますか。　　　　　　　　　（　　　　　　　　　　　）

(2) 図1のようにミカヅキモやアメーバがなかまをふやすとき，両親(雌と雄)を必要としていますか。　　　（　　　　　　　　　　　）

(3) 図2のジャガイモなどのように，植物の体の一部から新しい個体をつくるなかまのふやし方のことを何といいますか。　　（　　　　　　　　　）

(4) 図1や図2のように，両親を必要とせず，親の体の一部が新しい個体になる生殖をまとめて何といいますか。　　（　　　　　　　　　）

□生物が新しい個体(子)をつくることを，生殖という。
□親の体の一部が子になるような生殖を無性生殖という。

15 動物のふえ方

動物の有性生殖

植物とはちがい，動物にはたまごを産んでなかまをふやすものが
多いですね。たまごはどのようにしてできるのでしょうか。

1 たまごはどうやってできるの？

多くの動物には，雌と雄があります。雌の卵巣では卵が，雄の精巣では精子がつくられます。

卵や精子は生殖のための細胞で，生殖細胞とよばれます。

卵の核と精子の核が合体（受精）すると，
新しい1つの細胞ができます。
この細胞を受精卵といいます。

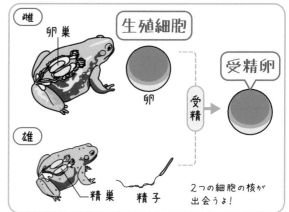

雌

卵巣

生殖細胞

卵

受精卵

雄

精巣　精子

受精

2つの細胞の核が
出会うよ！

雌と雄がかかわり，受精によって子をつくる生殖を有性生殖といいます。

2 受精卵はどのように成長するの？

受精卵は，体細胞分裂をして胚になります。胚はさらに細胞分裂をくり返して，形やはたらきのちがう体のつくりができ，成長し，成体（おとなの体）となります。

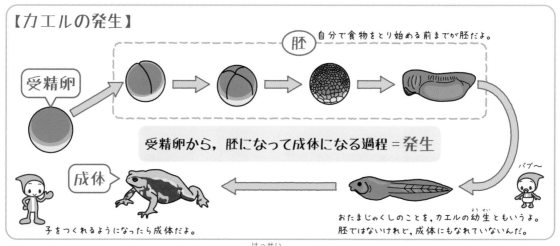

【カエルの発生】

胚　自分で食物をとり始める前までが胚だよ。

受精卵

受精卵から，胚になって成体になる過程＝発生

成体

子をつくれるようになったら成体だよ。

バブ〜

おたまじゃくしのことを，カエルの幼生ともいうよ。
胚ではないけれど，成体にもなれていないんだ。

受精卵から成体になるまでの過程を，発生といいます。

→雌と雄がかかわって受精卵ができているんだ。スーパーで売っているたまごの多くは，受精していないたまごだよ。

➡答えは別冊 p.6

覚 えておきたい用語

□①雌と雄がかかわる生殖。

□②卵の核と精子の核が合体すること。

□③受精によってできる新しい細胞。

□④受精卵から成体になるまでの過程。

練習問題

1 図は，カエルが成体になるまでのようすを表したものです。次の問いに答えましょう。

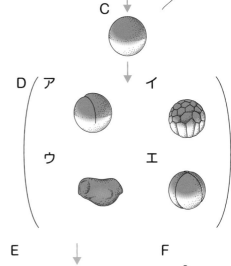

(1) 図のA，Bの生殖細胞をそれぞれ何といいますか。　A（　　　　）
　　　　　　　　　　　　　　　　　　　　　　　　B（　　　　）

(2) Aの核とBの核が合体することを何といいますか。　（　　　　）

(3) Cが体細胞分裂をくり返してできた，Dのすがたを何といいますか。
　　　　　　　　　　　　　　　（　　　　）

(4) CがFになるまでの過程のことを何といいますか。　（　　　　）

(5) 図のア〜エを正しい成長の順に並べましょう。
　　（　　　→　　　→　　　→　　　）

 ま と め
□受精によって子をつくる生殖を有性生殖という。
□受精卵→胚→成体の過程を，発生という。

43

16 植物のふえ方

植物は受粉すると，やがて種子ができましたね。植物の受粉と動物の受精は同じはたらきなのでしょうか。

★ 受粉と受精は同じこと？

受粉すると，花粉から胚珠に向かって**花粉管**がのびます。花粉管の中には**精細胞**が，胚珠の中には**卵細胞**があります。精細胞と卵細胞は，生殖細胞です。

花粉管が胚珠に達すると，卵細胞の核と精細胞の核が合体します。これが，被子植物の**受精**です。受精によってできた１つの細胞を，**受精卵**といいます。

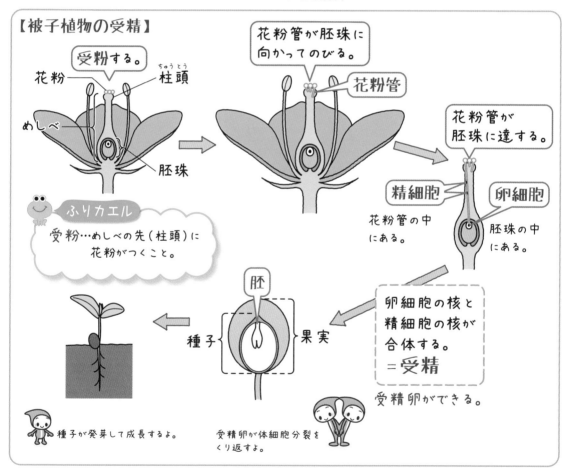

【被子植物の受精】

受粉する。
花粉 ── 柱頭
めしべ ── 胚珠

花粉管が胚珠に向かってのびる。
花粉管

花粉管が胚珠に達する。
精細胞　卵細胞
花粉管の中にある。　胚珠の中にある。

ふりカエル
受粉…めしべの先（柱頭）に花粉がつくこと。

胚
種子　果実

卵細胞の核と精細胞の核が合体する。
＝受精
受精卵ができる。

種子が発芽して成長するよ。

受精卵が体細胞分裂をくり返すよ。

受精卵は体細胞分裂をくり返して**胚**に，胚珠全体は**種子**になります。種子はやがて発芽して，新しい個体が成長していきます。

→植物では，受粉した後に受精が起こるよ。受精卵が胚になって成長していく（発生）のは動物といっしょだね。

44

覚 えておきたい用語

□①受粉した花粉から胚珠に向かってのびる管。

□②花粉管の中にある生殖細胞。

□③胚珠の中にある生殖細胞。

1 図は，受粉した後の被子植物のめしべのようすを表したものです。次の問いに答えましょう。

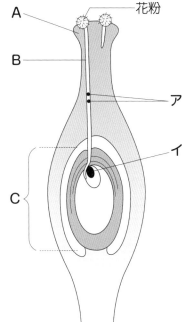

(1) 図で，A～Cをそれぞれ何といいますか。

A ( )
B ( )
C ( )

(2) 図で，B，Cの中にある生殖細胞ア，イをそれぞれ何といいますか。

ア ( )
イ ( )

(3) (2)の2つの生殖細胞の核が合体することを何といいますか。 ( )

(4) (3)の結果できる細胞を何といいますか。 ( )

(5) (4)は体細胞分裂をくり返して，何になりますか。 ( )

(6) (3)が起こると，図のCは何になりますか。 ( )

まとめ
□植物が受粉すると，花粉から胚珠に向かって花粉管がのびる。
□卵細胞と精細胞が受精すると，受精卵ができる。

17 特別な細胞分裂

減数分裂

母親の核と父親の核が合体して子どもの核ができるということは，子どもの細胞には2人分の核が入っているのでしょうか。

⭐ 体細胞分裂とはちがう細胞分裂って？

有性生殖では，被子植物の卵細胞と精細胞，動物の卵と精子など，生殖細胞どうしが受精します。これらの生殖細胞ができるとき，減数分裂が行われます。

減数分裂は，核にふくまれる染色体の数がもとの細胞の半分になる細胞分裂です。

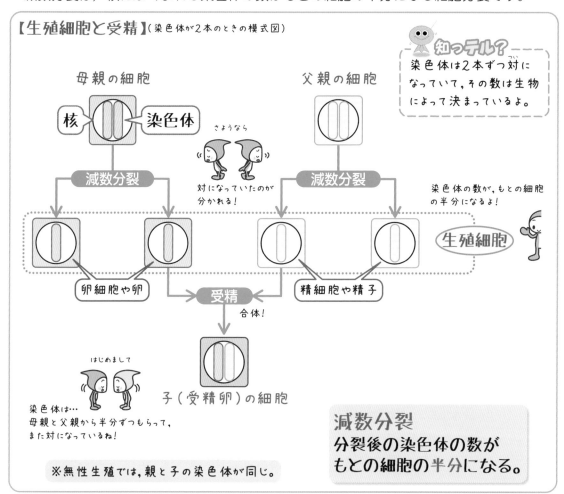

【生殖細胞と受精】(染色体が2本のときの模式図)

知ってル？
染色体は2本ずつ対になっていて，その数は生物によって決まっているよ。

母親の細胞　　　　父親の細胞

核　　染色体

さようなら
対になっていたのが分かれる！

減数分裂　　　　減数分裂

染色体の数が，もとの細胞の半分になるよ！

生殖細胞

卵細胞や卵　　　受精　　　精細胞や精子

合体！

はじめまして

染色体は…
母親と父親から半分ずつもらって，また対になっているね！

子（受精卵）の細胞

減数分裂
分裂後の染色体の数がもとの細胞の半分になる。

※無性生殖では，親と子の染色体が同じ。

生殖細胞は減数分裂でつくられているため，生殖細胞どうしが受精することで染色体の数がもと(親)の細胞と同じになります。

→両親の染色体をそれぞれ半分にしてから合体させていたから，親と子は同じ数の染色体をもつんだね。

➡答えは別冊 p.6

覚 えておきたい用語

□①生殖細胞がつくられるときの細胞分裂。

□②被子植物の生殖細胞。　| ア | と | イ |　ア
（順不同）　イ

□③動物の生殖細胞。　| ア | と | イ |　ア
（順不同）　イ

練 習 問 題

1　生殖細胞がつくられるときの細胞分裂について，次の問いに答えましょう。

(1)　生殖細胞がつくられるときの細胞分裂を何といいますか。

（　　　　　　　）

(2)　(1)の分裂でできた生殖細胞の染色体の数は，もとの細胞の染色体の数と比べてどのようになっていますか。次の**ア**〜**ウ**から選びましょう。　（　　　）

　ア　もとの細胞の染色体の数と同じ。
　イ　もとの細胞の染色体の数の2倍。
　ウ　もとの細胞の染色体の数の半分。

(3)　受精卵のもつ染色体は，どのように伝わったものですか。次の**ア**〜**ウ**から選びましょう。　（　　　）

　ア　片方の親とまったく同じ染色体が伝わる。
　イ　両親の染色体が半分ずつ伝わる。
　ウ　両親の染色体をそのままたし合わせたものが伝わる。

まとめ
□生殖細胞がつくられるときの細胞分裂を減数分裂という。
□減数分裂では，染色体の数がもとの細胞の半分になる。

18 親の特徴の伝わり方

遺伝

「親から子どもに遺伝する」といいますが，遺伝ではいったい何が伝わっているのでしょうか。

⭐1 遺伝って何？

生物のもつ形や性質などの特徴を形質といい，染色体の中にある遺伝子によって形質が決まります。

親から子へ染色体が受けつがれるとき，遺伝子も伝えられ，形質が伝わります。これを遺伝といいます。

遺伝子の本体は，DNA（デオキシリボ核酸）という物質です。

⭐2 親の特徴はどのように遺伝するの？

生物の細胞にある染色体は，2本ずつ対になっています。

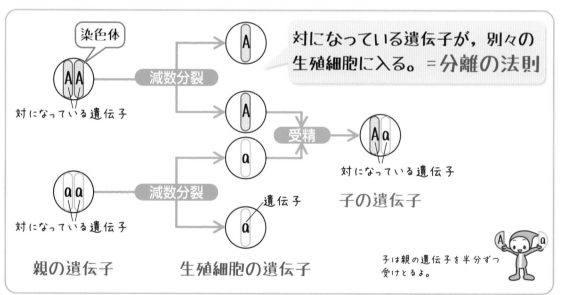

染色体

対になっている遺伝子が，別々の生殖細胞に入る。＝分離の法則

減数分裂

受精

対になっている遺伝子
子の遺伝子

遺伝子

親の遺伝子　　生殖細胞の遺伝子

子は親の遺伝子を半分ずつ受けとるよ。

減数分裂の結果，対になっている遺伝子が分けられ，別々の生殖細胞に入ります。これを分離の法則といいます。

受精すると，それぞれの生殖細胞からの遺伝子が対になります。

→子どもは母親の遺伝子と父親の遺伝子を半分ずつ受けつぐから，母親似の部分と父親似の部分があるよ。

➡答えは別冊 p.7

覚 えておきたい用語

□①生物のもつ形や性質などの特徴。

□②形質を決めるもの。

□③遺伝子の本体の物質。アルファベットで。

□④対になっている遺伝子が分かれて，別々の生殖細胞に入ること。

練習問題

① 図は，親から子へ染色体が受けつがれるようすを表したものです。次の問い
に答えましょう。

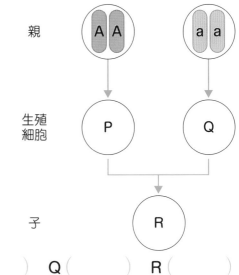

(1) 図のAやaは，形質を決めているも
のを表しています。これを何といいま
すか。　　　（　　　　　　　　）

親

(2) 親の細胞からP，Qの生殖細胞がで
きるときの細胞分裂を何といいますか。
（　　　　　　　　）

生殖
細胞

(3) P〜Rでの(1)のようすは，どのよう
に表すことができますか。それぞれ次
のア〜カから選びましょう。　　P（　　　）　Q（　　　）　R（　　　）

子

 ア
 イ
 ウ
 エ
 オ
 カ

 まとめ　□分離の法則…対になっている遺伝子が，減数分裂によって分け
られて，別々の生殖細胞に入ること。

19 子に伝わる特徴

顕性形質と潜性形質

> 両親の血液型はＡ型とＢ型なのに，子どもはＯ型という家族がいます。血液型は遺伝しないのでしょうか。

⭐ 子に現れる特徴にはきまりがあるの？

エンドウの種子の形で遺伝の規則性を調べます。エンドウの種子には，丸いもの（丸形）としわのあるもの（しわ形）があり，必ずどちらかの形をしています。
このような，対になっている形質を<u>対立形質</u>といいます。

自家受粉（めしべに同じ個体の花粉がつくこと）をくり返したとき，親も子孫もずっと同じ形質を示すものを<u>純系</u>といいます。

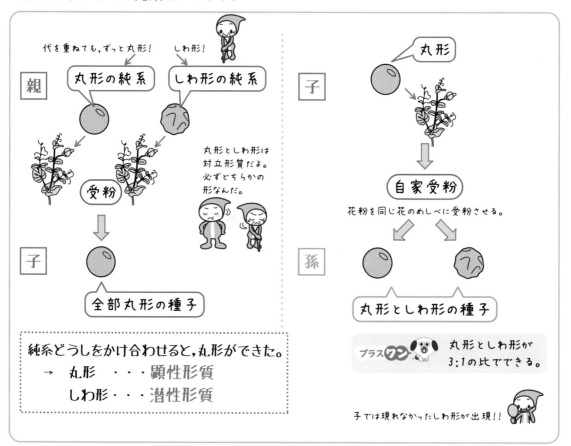

代を重ねても、ずっと丸形！　しわ形！

| 親 | 丸形の純系　しわ形の純系 |

丸形としわ形は対立形質だよ。必ずどちらかの形なんだ。

受粉

| 子 | 全部丸形の種子 |

純系どうしをかけ合わせると、丸形ができた。
→　丸形　・・・顕性形質
　　しわ形・・・潜性形質

子　丸形

自家受粉
花粉を同じ花のめしべに受粉させる。

孫　丸形としわ形の種子

プラスワン　丸形としわ形が3：1の比でできる。

子では現れなかったしわ形が出現！！

対立形質の純系どうしをかけ合わせると，子には片方の形質だけが現れます。子に現れる形質を<u>顕性形質</u>といい，子に現れない形質を<u>潜性形質</u>といいます。

→血液型でも，遺伝子の組み合わせによって，親に現れなかった形質（Ｏ型の形質）が子に現れることがあるよ。

➡答えは別冊 p.7

覚 えておきたい用語

□①同時には現れない，対になっている形質。

□②代を重ねても，ずっと同じ形質を示す個体。

□③対立形質の純系どうしをかけ合わせたとき，子に現れる形質。

練習問題

1　丸形の種子をつくる純系のエンドウと，しわ形の種子をつくる純系のエンドウをかけ合わせたところ，できた種子はすべて丸形でした。次の問いに答えましょう。

(1)　対立形質の純系どうしをかけ合わせたとき，子に現れる形質を何といいますか。　　　　　　　　　　　　　（　　　　　　　　　）

(2)　エンドウの種子の丸形としわ形で，(1)の形質なのはどちらですか。
（　　　　　　　　　）

(3)　(1)のとき，子に現れないほうの形質を何といいますか。
（　　　　　　　　　）

(4)　できた丸形の種子を育て，自家受粉させました。どのような種子（孫）ができますか。次のア〜ウから選びましょう。　（　　　　　　　　　）

ア　すべて丸形の種子　　　　　　イ　すべてしわ形の種子
ウ　丸形の種子としわ形の種子

まとめ　□対立形質の純系どうしをかけ合わせたとき，子に現れる形質を顕性形質，子に現れない形質を潜性形質という。

遺伝子の組み合わせ

実習の
ページ

➡答えは別冊 p.7

実習 ① 遺伝子の組み合わせ（親→子）

純系のエンドウをかけ合わせたときの子の遺伝子の組み合わせについて考えます。

> 顕性形質（丸形）の遺伝子を**A**，潜性形質（しわ形）の遺伝子を**a**とすると…
> **AA, Aa**のとき　⟶　**A**の形質（丸形）が現れます。
> **aa**のとき　⟶　**a**の形質（しわ形）が現れます。

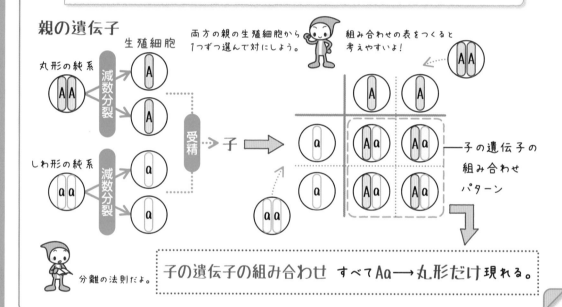

子の遺伝子の組み合わせ　すべて**Aa**⟶丸形だけ現れる。

分離の法則だよ。

練習問題 1　実習①について，次の問いに答えましょう。

(1) **AA**，**aa**の遺伝子をもつ親の生殖細胞の遺伝子は，それぞれどのように表されますか。**ア**～**エ**から選びましょう。　　　**AA**（　　　）　**aa**（　　　）

ア
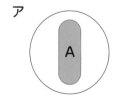　イ
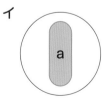　ウ
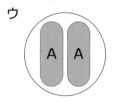　エ
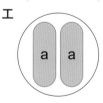

(2) (1)の２つが受精したときの子の遺伝子は，どのように表せますか。**A**や**a**を用いて表しましょう。　　　　　　　　　　（　　　　　　　　　）

実習 ② 遺伝子の組み合わせ（子→孫）

実習①でできた子を自家受粉させてできた，孫の遺伝子の組み合わせについて考えます。

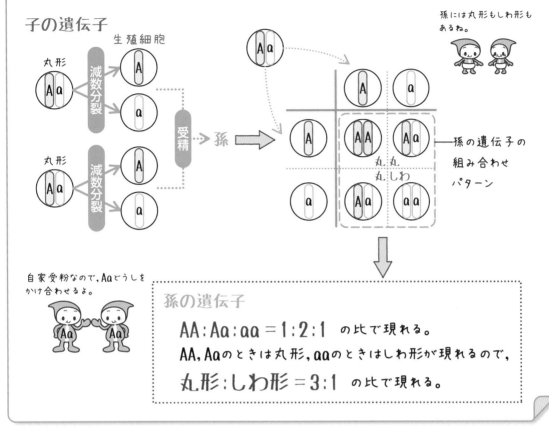

孫には丸形もしわ形もあるね。

子の遺伝子

生殖細胞

丸形
Aa
減数分裂
→ A
a

受精 …→ 孫

Aa

A
a

A
AA
丸,丸
Aa
丸,しわ

a
Aa
aa

孫の遺伝子の組み合わせパターン

丸形
Aa
減数分裂
→ A
a

自家受粉なので，Aaどうしをかけ合わせるよ。
Aa Aa

孫の遺伝子

$AA : Aa : aa = 1 : 2 : 1$ の比で現れる。

AA, Aaのときは丸形，aaのときはしわ形が現れるので，

丸形 : しわ形 = 3 : 1 の比で現れる。

練習問題 ②　実習②について，次の問いに答えましょう。

(1) Aaという種子の遺伝子の組み合わせをもつエンドウを自家受粉させました。できた種子の遺伝子の組み合わせをAやaを用いて，すべて表しましょう。ただし，顕性形質（丸形の種子）を表す遺伝子をAとします。

(　　　　　　　　　　　　)

(2) (1)で400個の種子ができました。Aaの遺伝子の組み合わせをもつ種子は何個あると考えられますか。次のア～オから選びましょう。　　　（　　　）

ア　0個　　イ　100個　　ウ　200個　　エ　300個　　オ　400個

(3) (1)でできた400個の種子の中で，丸形の種子は何個あると考えられますか。(2)のア～オから選びましょう。　　　（　　　）

20 生物の変化

進化

親から子へ遺伝子が受けつがれることを学びましたね。では，私たちヒトは，地球上に突然現れたのでしょうか。

どこから来た？

1 脊椎動物はどのように変化したの？

遺伝子(DNA)が子に伝わるときに変化し，子の形質が変化することがあります。

その結果，生物は長い年月をかけて代を重ねる間に，しだいに形質が変化していきました。これを進化といいます。進化の結果，いろいろな生物が生まれてきました。

脊椎動物は，魚類→両生類→は虫類→哺乳類→鳥類の順に地球上に現れたことがわかっています。そして，水中生活に適した生物から陸上生活に適した生物へと進化しました。

【地球上に現れた順】

魚類　両生類　は虫類　哺乳類　鳥類

共通の祖先から進化したよ。

→魚類と両生類は共通する特徴がたくさんあったね。共通点が多いほど，近いなかまだよ。

2 ちがう動物なのに似たつくりをもっている？

現在の形やはたらきが異なっていても，同じものから変化したと考えられる器官を相同器官といいます。

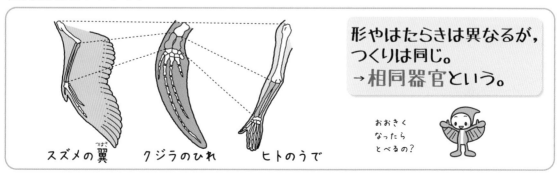

スズメの翼　クジラのひれ　ヒトのうで

形やはたらきは異なるが，つくりは同じ。
→相同器官という。

おおきくなったらとべるの？

➡答えは別冊 p.7

覚 えておきたい用語

□①魚類，両生類，は虫類のうちで，地球上にいちばん最初に現れたもの。

□②魚類から両生類に変化したように，生物が長い年月をかけて変化すること。

□③鳥類の翼と哺乳類の前あしのように，同じものから変化したと考えられる器官。

練 習 問 題

1 　図1は脊椎動物の生活場所の変化のようすを，図2は，脊椎動物のある部分の骨格を表したものです。次の問いに答えましょう。

(1) 図1のA〜Eのうちで，最初に地球上に現れたものはどれですか。　（　　　　　）

(2) 図1のように，生物が長い年月をかけて変化することを何といいますか。（　　　　　）

(3) 図2の3つの骨格はもとは同じ器官だったと考えられますか。
（　　　　　）

(4) (3)のような器官を何といいますか。　（　　　　　）

図1

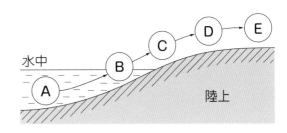

水中　　　　　　　　陸上

図2

スズメの翼　　　クジラの胸びれ　　ヒトのうで

まとめ　　□生物が長い年月をかけて変化することを進化という。
　　　　　□同じものから変化したと考えられる器官を相同器官という。

まとめのテスト

➡答えは別冊 p.8

1 植物の根の成長のようすについて，次の問いに答えなさい。

6点×5（30点）

図1

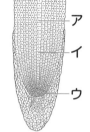

(1) 図1の**ア**〜**ウ**で，細胞分裂が最もさかんに行われている部分はどこですか。　　　　　　　　　　　（　　　　　）

(2) 図1の**ア**〜**ウ**で，1つ1つの細胞が最も大きい部分はどこですか。　　　　　　　　　　　　　　　　（　　　　　）

(3) 図2は，細胞分裂のようすを観察したものです。**C**に見られるひものようなものを何といいますか。（　　　　　　　）

図2

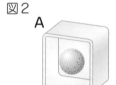

(4) 細胞分裂前後の細胞の核にある(3)の数について，次の**ア**〜**ウ**から正しいものを選びなさい。　　　　　　　　（　　　　　）

ア 細胞分裂後のほうが多い。
イ 細胞分裂前のほうが多い。
ウ 細胞分裂の前後で変わらない。

(5) 図2の**A**〜**F**を細胞分裂の順に並べなさい。ただし，**A**を最初とします。

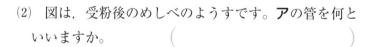

2 被子植物の有性生殖について，次の問いに答えなさい。

5点×6（30点）

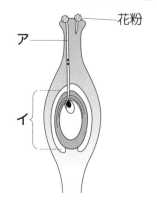

(1) 生殖細胞ができるときの，特別な細胞分裂のことを何といいますか。　　（　　　　　　　）

(2) 図は，受粉後のめしべのようすです。**ア**の管を何といいますか。　　　　　　（　　　　　　　）

(3) **ア**の中にある生殖細胞を何といいますか。

（　　　　　　　）

(4) **ア**の管がのびていく先にある，**イ**の部分を何といいますか。

（　　　　　　　　　）

(5) **イ**の中にある生殖細胞を何といいますか。　（　　　　　　　　　）

(6) (3)の核と(5)の核が合体することを何といいますか。

（　　　　　　　　　）

3 丸い種子（丸形）をつくる純系のエンドウとしわのある種子（しわ形）をつくる純系のエンドウをかけ合わせたところ，できた種子はすべて丸形でした。この種子（子）を育て，自家受粉させると，丸形としわ形の両方の種子（孫）ができました。次の問いに答えなさい。

5点×8（40点）

(1) 対立形質の純系どうしをかけ合わせたときに，子に現れる形質を何形質といいますか。

（　　　　　　　　　）

(2) 対立形質の純系どうしをかけ合わせたときに，子に現れない形質を何形質といいますか。

（　　　　　　　　　）

(3) 右の図は，この実験を遺伝子の組み合わせで考えたものです。丸形の形質を表す遺伝子をA，しわ形の形質を表す遺伝子をaとすると，図の①～④にあてはまる遺伝子の組み合わせはどのようになりますか。次の**ア～カ**から選びなさい。

①（　　　　　）　②（　　　　　）
③（　　　　　）　④（　　　　　）

| 丸形の純系 | しわ形の純系 |

親　AA　　①

生殖細胞　②　　③

子　④

ア A	**イ** a	**ウ** AA
エ Aa	**オ** aa	**カ** AAaa

(4) 孫にできた丸形としわ形の種子の個数の比を，簡単な整数で答えなさい。

丸形：しわ形＝（　　　　：　　　　）

(5) 遺伝子の本体は何という物質ですか。アルファベットで答えなさい。

（　　　　　　　　　）

特集 # 動物の細胞分裂を知ろう！

動物と植物の細胞

〈動物の細胞〉　　　　　　　〈植物の細胞〉

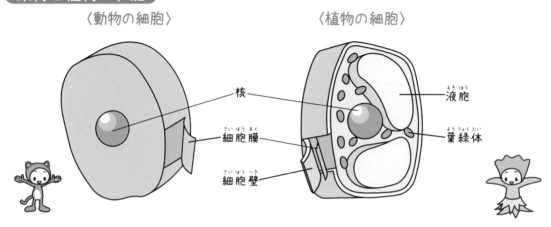

核

液胞（えきほう）

細胞膜（さいぼうまく）

葉緑体（ようりょくたい）

細胞壁（さいぼうへき）

動物の体細胞分裂

動物の体細胞分裂のようすは，植物の体細胞分裂と少しちがっています。

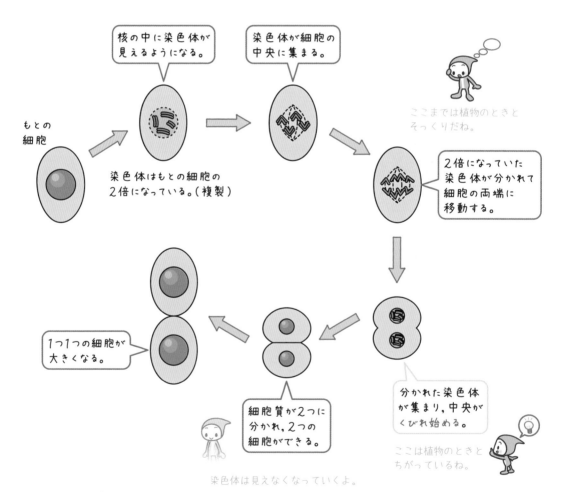

もとの細胞

核の中に染色体が見えるようになる。

染色体はもとの細胞の2倍になっている。(複製)

染色体が細胞の中央に集まる。

ここまでは植物のときとそっくりだね。

2倍になっていた染色体が分かれて細胞の両端に移動する。

分かれた染色体が集まり，中央がくびれ始める。

ここは植物のときとちがっているね。

細胞質が2つに分かれ，2つの細胞ができる。

1つ1つの細胞が大きくなる。

染色体は見えなくなっていくよ。

運動と
エネルギー

3

この章では,
物体にはたらく力や運動,
エネルギーなどについて
学習します。

力の合成と分解

実習の
ページ

➡答えは別冊 p.8

実習 1 力の合成

　2つの力と同じはたらきをする1つの力のことを，2つの力の**合力**（ごうりょく）といいます。
合力を求めることを，**力の合成**といいます。
└ 2つの力を1つにまとめるんだ。

【2つの力（A，B）が**ちがう向き**のときの合力（F）】

〈ステップ①〉　2つの力を2辺とする平行四辺形をつくります。
〈ステップ②〉　平行四辺形の対角線を引きます。
　　→平行四辺形の対角線が**合力**を表します。

【例1】

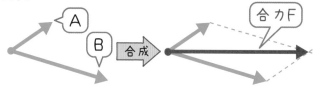

合力F

合成

平行四辺形を
作図する。

【例2】

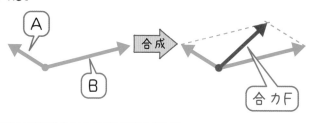

合成

合力F

平行四辺形〜

練習問題 1　実習①について，次の問いに答えましょう。

（1）　次の①，②について，力**A**，**B**の合力**F**を作図しましょう。

①

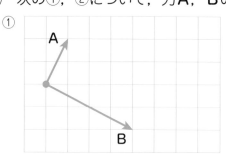

②

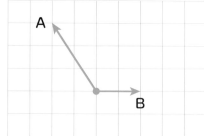

実習 ② 力の分解

1つの力を，それと同じはたらきをする2つの力に分けることを，**力の分解**といいます。分けた2つの力を，もとの力の**分力**といいます。

└力の合成と逆の作業だよ。

〈ステップ①〉 力を分解する方向を決めます。
〈ステップ②〉 もとの力が対角線になる平行四辺形をつくります。
→ 平行四辺形の2辺が分力を表します。

【1つの力（F）を2つの分力（A，B）に分ける】

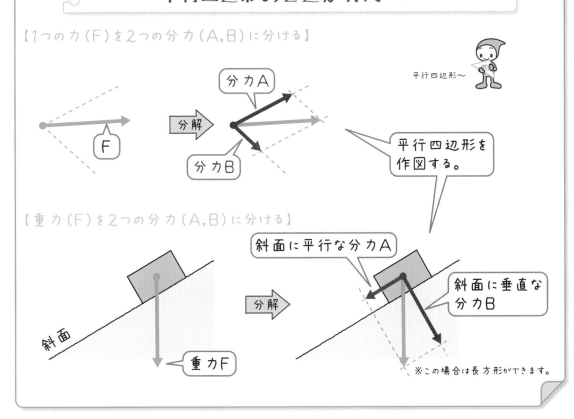

平行四辺形～

分力A

分解

分力B

平行四辺形を
作図する。

【重力（F）を2つの分力（A，B）に分ける】

斜面に平行な分力A

斜面に垂直な
分力B

分解

斜面

重力F

※この場合は長方形ができます。

練習問題 ② 実習②について，次の問いに答えましょう。

(1) 次の①，②について，力FをAの方向とBの方向に分解しましょう。

①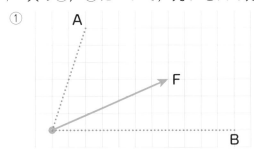

②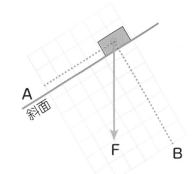

㉑ 水による力

水族館の大水槽や潜水船には，厚くてじょうぶな板が使われています。水中では大きな力がはたらいているのでしょうか。

⭐ 水の中ではたらく圧力はあるの？

水には重さがあり，水中の物体を押しています。このような，水の重さによる圧力のことを水圧といいます。

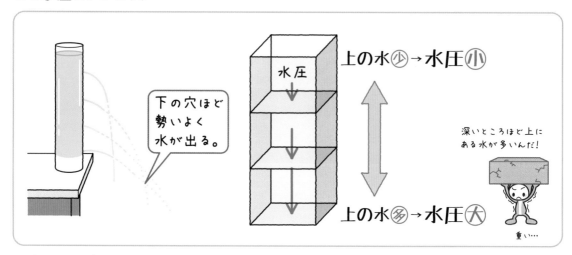

水の深さが深くなると，水圧は大きくなります。また，水圧はあらゆる方向からはたらきます。ゴム膜をはった筒を水に入れ，へこみ方を調べてみましょう。

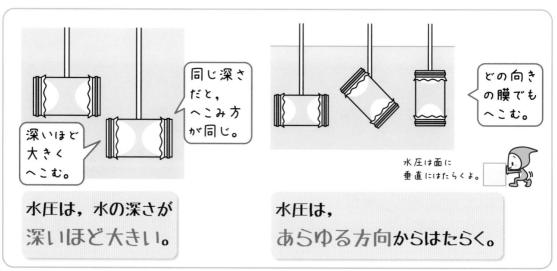

水圧の大きさは，水の深さだけに関係します。

→潜水船は深くまでもぐるので，水圧がとても大きくなるよ。じょうぶな板でつぶされないようにしているんだ。

□①水の重さによる圧力。

覚 えておきたい用語

練習問題

1 ゴム膜をはった筒を水中に入れました。次の問いに答えましょう。

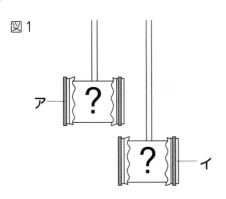

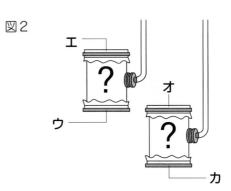

(1) 図1の**ア，イ**でゴム膜のへこみ方が大きいのはどちらですか。（　　　　）

(2) 図2で，ゴム膜のへこみ方が**ウ**と同じなのは，**エ～カ**のどれですか。

（　　　　）

(3) 水の重さによる圧力のことを何といいますか。　（　　　　）

(4) (3)の圧力について，次の**ア～オ**から正しいものを２つ選びましょう。

（　　　　）

ア　上下の方向だけからはたらく。

イ　あらゆる方向からはたらく。

ウ　(3)の圧力の大きさは，水の深さに関係している。

エ　(3)の圧力の大きさは，水中にある物体の体積に関係している。

オ　(3)の圧力の大きさは，水中にある物体の質量に関係している。

　□水圧は，水の深さが深いほど大きい。

□水圧は，あらゆる方向からはたらく。

22 水中のものを軽くする力

浮力

海には大きな船が浮かんでいますね。鉄などでできていて，とても重たい船がなぜ水に浮くのでしょうか。

⭐ 水中では，物体が軽くなるの？

水中の物体の底面にはたらく上向きの水圧は，上面にはたらく下向きの水圧より大きいです。この水圧の差による上向きの力を**浮力**といいます。

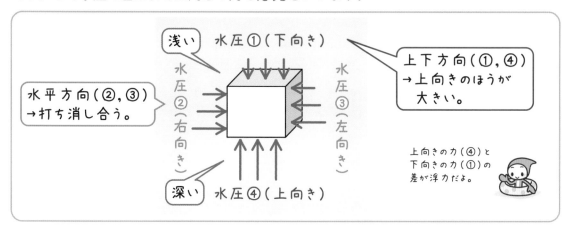

浮力の大きさは，水中にある物体の体積に関係します。水の深さや物体の質量は関係ありません。

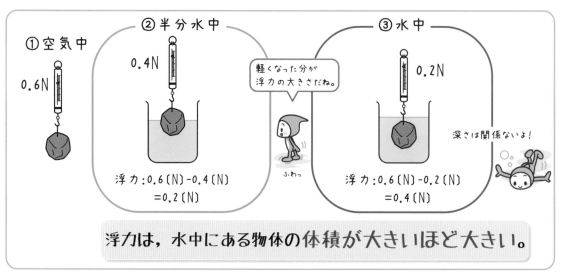

浮くか沈むかは，重力と浮力の関係によります。物体にはたらく重力が浮力よりも小さいとき，その物体は浮かんでいきます。重力が浮力よりも大きいと，その物体は沈んでいきます。→大きな船が海に浮かんでいるのは，大きな浮力がはたらいているからなんだね。

→答えは別冊 p.8

覚 えておきたい用語

□①水中の物体にはたらく，上向きの力。

1 ばねばかりにつるした物体を，水に沈めました。次の問いに答えましょう。

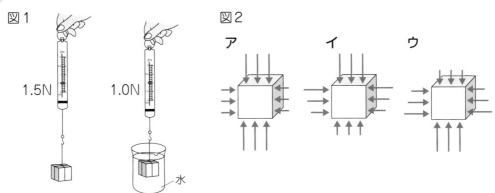

図1　1.5N　1.0N　水

図2　ア　イ　ウ

(1)　物体を水中に入れたとき，物体にはたらく水圧のようすとして最もよいものを図2の**ア～ウ**から選びましょう。　（　　　　　）

(2)　図1で，水中の物体にはたらいた浮力は何Nですか。

（　　　　　）

(3)　浮力について，次の**ア～ウ**から正しいものをすべて選びましょう。

（　　　　　）

ア　浮力の大きさは，水の深さに関係している。
イ　浮力の大きさは，水中にある物体の体積に関係している。
ウ　浮力の大きさは，水中にある物体の質量に関係している。

(4)　水中にある物体にはたらく重力が浮力よりも小さいとき，その物体は浮かんでいきますか，沈んでいきますか。　（　　　　　）

まとめ

□水中では，物体に上向きの浮力がはたらく。
□浮力の大きさは，水中にある物体の体積に関係する。

23 物体の動く速さ

運動の速さ

車にはスピードメーターがついていて，速さがわかりますね。物体のいろいろな動きは，どのように調べるのでしょうか。

★ 物体の動きはどうやって調べるの？

運動の向きが一定の物体の速さを調べるときは，記録タイマーを使うと便利です。

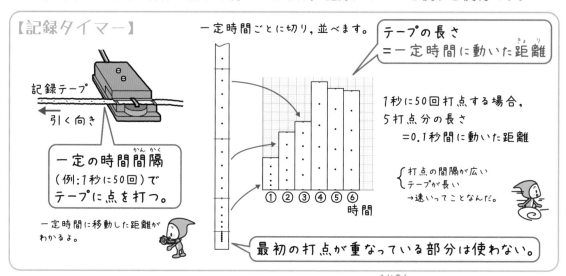

【記録タイマー】

記録テープ
引く向き

一定の時間間隔（かんかく）
（例：1秒に50回）で
テープに点を打つ。

一定時間に移動した距離がわかるよ。

一定時間ごとに切り，並べます。

テープの長さ
＝一定時間に動いた距離（きょり）

1秒に50回打点する場合，
5打点分の長さ
＝0.1秒間に動いた距離

{ 打点の間隔が広い
テープが長い
→速いってことなんだ。

①②③④⑤⑥
時間

最初の打点が重なっている部分は使わない。

ある一定の時間，同じ速さで動いたと考えたときの速さを平均の速さ（へいきん）といいます。それに対し，とても短い時間で考えたときの速さを瞬間の速さ（しゅんかん）といいます。

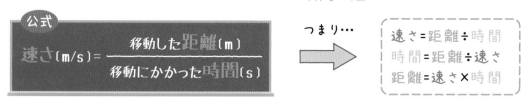

公式

$$速さ〔m/s〕= \frac{移動した距離〔m〕}{移動にかかった時間〔s〕}$$

つまり…

速さ＝距離÷時間
時間＝距離÷速さ
距離＝速さ×時間

※速さの単位：メートル毎秒（m/s），キロメートル毎時（km/h）など

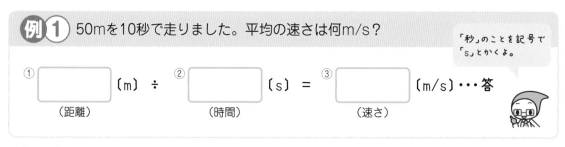

例① 50mを10秒で走りました。平均の速さは何m/s？

「秒」のことを記号で「s」とかくよ。

① [　　　]〔m〕(距離) ÷ ② [　　　]〔s〕(時間) ＝ ③ [　　　]〔m/s〕(速さ)…答

→車のスピードメーターの速さは，瞬間の速さだよ。数学などで，計算で求めていた速さは平均の速さだね。

➡答えは別冊 p.9

覚 えておきたい用語

□①ある一定の時間，同じ速さで動いたと考えたときの速さ。

□②とても短い時間で考えたときの速さ。

1 　物体の運動を，１秒間に50回点を打つ記録タイマーを使って記録しました。次の問いに答えましょう。

(1)　テープを５打点ごとに切って並べました。それぞれのテープの長さは何を表していますか。次の**ア～ウ**から選びましょう。　　　（　　　　　）

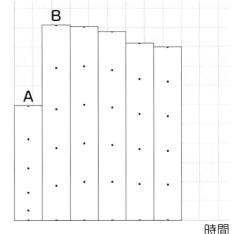

　　ア　0.1秒間に動いた距離
　　イ　１秒間に動いた距離
　　ウ　物体の速さ（m/s）

(2)　図の**A**，**B**で，物体が速く動いていたのはどちらが記録されたときですか。
　　　　　　　　　　　　　　　　　　（　　　　　）

(3)　次の場合の平均の速さを求めましょう。
　　①　200mの距離を40秒で進んだとき。（単位はm/s）
　　　　　　　　　　　　　　　　　　（　　　　　）

　　②　0.1秒で5cm進んだとき。（単位はcm/s）
　　　　　　　　　　　　　　　　　　（　　　　　）

 □速さ＝ $\dfrac{移動した距離}{移動にかかった時間}$

(24) 速さが変わらない運動

等速直線運動

> 台の上をすべるエアホッケーのパックは，速さがほとんど変わりませんね。どんな力がはたらいているのでしょうか。

⭐ 速さが変わらない運動って？

一定の速さでまっすぐ進む運動のことを，**等速直線運動**といいます。

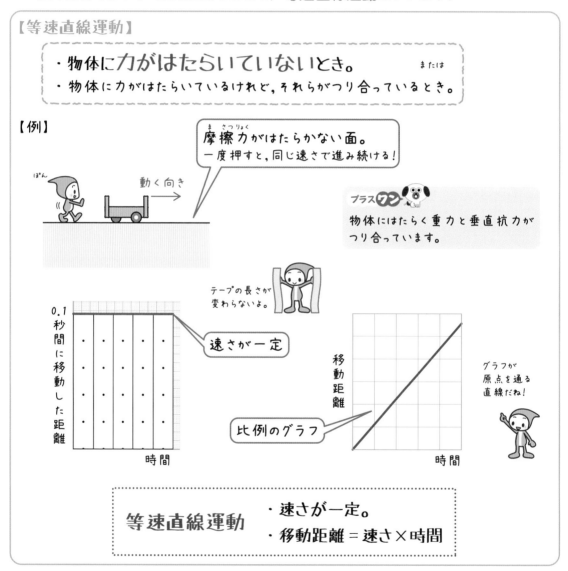

【等速直線運動】

・物体に**力がはたらいていない**とき。　または

・物体に力がはたらいているけれど，それらがつり合っているとき。

【例】

摩擦力がはたらかない面。
一度押すと，同じ速さで進み続ける！

動く向き →

プラスワン
物体にはたらく重力と垂直抗力がつり合っています。

テープの長さが変わらないよ。

0.1秒間に移動した距離 / 時間
速さが一定

移動距離 / 時間
比例のグラフ

グラフが原点を通る直線だね！

等速直線運動
・速さが一定。
・**移動距離 = 速さ × 時間**

等速直線運動では，物体の移動距離は時間に比例しています。

→摩擦力をとても小さくして，等速直線運動を利用したのがエアホッケーだよ。実際には，まったく摩擦力がはたらかない状態をつくるのは難しいので，完全な等速直線運動にはなっていないんだけどね。

覚 えておきたい用語

□①一定の速さで一直線上をまっすぐ進む運動。

練 習 問 題

⅂ 図は，ある台車の運動を記録したテープを5打点ごとに切って並べたものです。次の問いに答えましょう。

(1) 台車の速さはどうなっていますか。次の
ア～エから選びましょう。 （　　　　　）

ア　だんだん大きくなっている。
イ　だんだん小さくなっている。
ウ　一定の速さで運動している。
エ　動いていない。

(2) このような台車の運動を何といいますか。
（　　　　　　　　　　　　）

(3) 台車にはたらいている力を次のア～ウから選びましょう。 （　　　　　）

ア　運動と同じ向きの力　　　イ　運動と反対の向きの力
ウ　運動の向きにも反対の向きにも，力ははたらいていない。

(4) 台車の運動について，時間と移動距離の関係を表すグラフを次のア～エから選びましょう。
（　　　　　　）

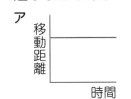
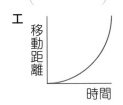

まとめ

□運動する物体に力がはたらいていないときや，物体にはたらく
力がつり合っているとき，物体は等速直線運動をする。

69

25 だんだん速くなる運動

斜面を下る台車の運動

自転車で下り坂を走っていると，ペダルをこがなくても速くなっていきますね。どんな力がはたらいているのでしょうか。

すいすい

⭐ 下り坂ではどんな力がはたらいているの？

物体に，物体の運動する向きと同じ向きに力がはたらき続けると，物体の運動はだんだん速くなります。

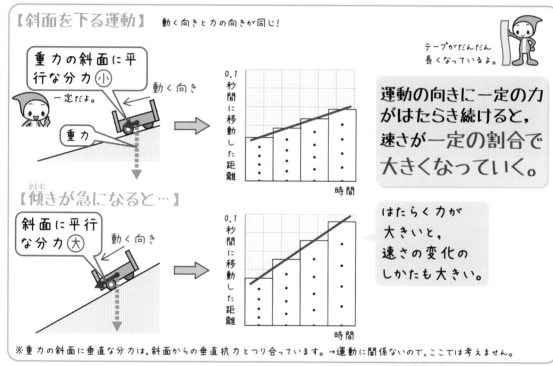

【斜面を下る運動】　動く向きと力の向きが同じ！

テープがだんだん長くなっているよ。

重力の斜面に平行な分力 (小)　一定だよ。　動く向き

重力

0.1秒間に移動した距離　時間

運動の向きに一定の力がはたらき続けると，速さが一定の割合で大きくなっていく。

【傾きが急になると…】

斜面に平行な分力 (大)　動く向き

0.1秒間に移動した距離　時間

はたらく力が大きいと，速さの変化のしかたも大きい。

※重力の斜面に垂直な分力は，斜面からの垂直抗力とつり合っています。→運動に関係ないので，ここでは考えません。

斜面の傾きが90°になったとき，物体が垂直に落ちる運動を自由落下といいます。

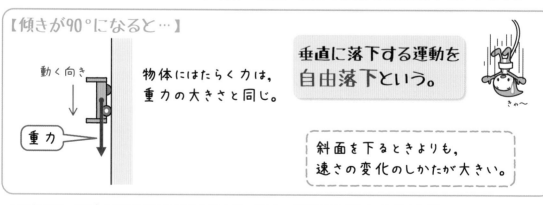

【傾きが90°になると…】

動く向き

重力

物体にはたらく力は，重力の大きさと同じ。

垂直に落下する運動を自由落下という。

きゃ〜

斜面を下るときよりも，速さの変化のしかたが大きい。

→下り坂では，下ろうとする力がはたらいているんだ。だから，自転車をこがなくても動くんだね。

覚 えておきたい用語

□①物体が垂直に落下する運動のこと。

1 斜面を下る物体の運動について，次の問いに答えましょう。

(1) 物体にはたらく斜面に平行な力の大きさはどうなりますか。次の**ア〜ウ**から選びましょう。（　　　）

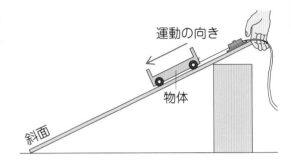

運動の向き

物体

斜面

ア だんだん大きくなる。
イ だんだん小さくなる。
ウ 一定の大きさである。

(2) 図で，斜面を下る物体の速さはどうなりますか。次の**ア〜エ**から選びましょう。（　　　）

ア 一定の割合で大きくなる。　**イ** 一定の割合で小さくなる。
ウ 一定の速さである。　　　　**エ** 動かない。

(3) 図の斜面の傾きを大きくすると，物体の速さの変化のしかたはどうなりますか。次の**ア〜ウ**から選びましょう。（　　　）

ア 図のときよりも大きくなる。　**イ** 図のときよりも小さくなる。
ウ 図のときと同じである。

(4) 斜面の傾きを90°にすると，物体が真下に落ちるようになりました。このような運動を何といいますか。（　　　）

 □運動の向きに力がはたらくと，物体の速さはだんだん大きくなる。
□物体が垂直に落下する運動を自由落下という。

26 だんだん遅くなる運動

斜面を上がる台車の運動

下り坂とはちがって，上り坂では自転車をこがないとやがて止まってしまいますね。どんな力がはたらいているのでしょうか。

⭐ 上り坂ではどんな力がはたらいているの？

物体に，運動する向きとは反対の向きに力がはたらき続けると，物体の運動はだんだん遅くなります。

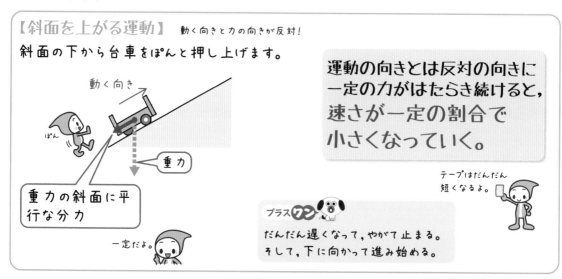

【斜面を上がる運動】　動く向きと力の向きが反対！

斜面の下から台車をぽんと押し上げます。

動く向き

ぽん

重力

重力の斜面に平行な分力

一定だよ。

運動の向きとは反対の向きに一定の力がはたらき続けると，速さが一定の割合で小さくなっていく。

テープはだんだん短くなるよ。

プラスワン
だんだん遅くなって，やがて止まる。そして，下に向かって進み始める。

水平な台の上の物体を押したとき，物体の速さはだんだん小さくなり，やがて止まります。このとき，物体の運動とは反対の向きに**摩擦力**がはたらいています。

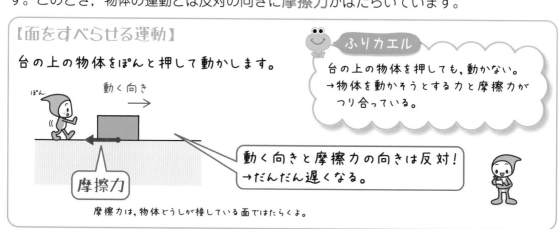

【面をすべらせる運動】

台の上の物体をぽんと押して動かします。

ぽん

動く向き

摩擦力

ふりカエル
台の上の物体を押しても，動かない。
→物体を動かそうとする力と摩擦力がつり合っている。

動く向きと摩擦力の向きは反対！
→だんだん遅くなる。

摩擦力は，物体どうしが接している面ではたらくよ。

摩擦力は，物体どうしが接している面に，物体の運動をさまたげる向きにはたらいています。

→上り坂では，自転車をこぎ続けないと下ろうとする力に負けてしまって，スピードが減少するんだ。

72

覚 えておきたい用語

□①物体どうしが接している面にはたらく，物体の運動をさまたげる向きにはたらく力。

物体の運動について，次の問いに答えましょう。

(1) 斜面を上がる台車にはたらく斜面に平行な力の大きさはどうなりますか。次のア～ウから選びましょう。　　　　　　　　　（　　　　　）

ア　だんだん大きくなる。
イ　だんだん小さくなる。
ウ　一定の大きさである。

図1

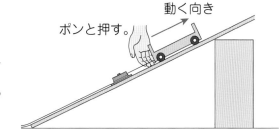

動く向き

ポンと押す。

(2) 図1で，台車の斜面を上がる速さはどうなりますか。次のア～エから選びましょう。　（　　　　　）

ア　だんだん大きくなる。　　イ　だんだん小さくなる。
ウ　一定の速さである。　　　エ　動かない。

(3) 図2で，台の上の物体を押したとき，物体の運動をさまたげようとする向きにはたらく力を何といいますか。　（　　　　　）

図2

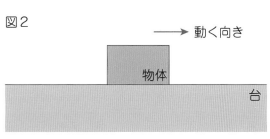

動く向き

物体

台

(4) 図2で，(3)の力がはたらく台の上を動く物体の速さはどうなりますか。(2)のア～エから選びましょう。　　　　　　　　　（　　　　　）

まとめ

□運動の向きと反対の向きに力がはたらくと，物体の速さはだんだん小さくなる。

27 動かない物体

慣性

だるま落としでは，いちばん上のだるまが倒(たお)れないようにしますね。下の段が動いてもだるまが倒れないのは，なぜでしょうか。

⭐ 物体が動こうとしないのはなぜ？

　物体に力がはたらいていないときや，はたらいていても力がつり合っているとき，動いている物体は等速直線運動をします。また，動いていない物体は静止したままです。

　このことを，慣性(かんせい)の法則といい，物体がもつこの性質を慣性といいます。

【慣性の法則】

条件
・物体に力がはたらいていないとき。　　　または
・物体に力がはたらいているけれど，それらがつり合っているとき。

動いていない物体
→静止し続ける。

動いている物体
→等速直線運動を続ける。

発車のとき

車→力がはたらいて，進む。
人→止まったままでいようとする。

体は止まっていようとするのに，車は進むよ。
だからうしろ向き（進行方向と逆の向き）に
倒れそうになるんだ。

おっとっと

停車のとき

車→力がはたらいて，止まる。
人→今までと同じ速さで
　　動いていようとする。

体は進もうとするのに，車は止まっているよ。
だから前向き（進行方向）に倒れそうに
なるんだ。

おっとっと

→だるま落とし成功のコツは…できるだけすばやくたたくこと！下の段が急に動いても，だるまには慣性がはたらいているから，その位置にとどまろうとするんだ。

➡答えは別冊 p.10

覚 えておきたい用語

□①物体に力がはたらいていないときや，はたらく力がつり合っているとき，

物体がそのままの状態を続けようとする性質。

1 物体のもつ性質について，次の問いに答えましょう。

(1) 慣性の法則の説明について，次の（ ）にあてはまる言葉を下の**ア～キ**から選びましょう。

> 物体に力が（ ① ）ときや（ ② ）とき，静止している物体は（ ③ ）をし続け，運動している物体は（ ④ ）をするという法則。

① (   )   ② (   )   ③ (   )   ④ (   )

ア はたらいていない   **イ** はたらいているが，つり合っている
ウ はたらいていて，つり合っていない
エ 静止   **オ** 速さがだんだん大きくなる運動
カ 等速直線運動   **キ** 速さがだんだん小さくなる運動

(2) 走っている電車がブレーキをかけると，乗客の体はどのようになりますか。次の**ア**，**イ**から選びましょう。 (   )

ア 電車の進行方向に倒れそうになる。
イ 電車の進行方向とは反対向きに倒れそうになる。

(3) 止まっている電車が発車すると，乗客の体はどのようになりますか。(2)の**ア**，**イ**から選びましょう。 (   )

□慣性：静止している物体は静止し続ける。
　　　　運動している物体は等速直線運動を続ける。

28 押す力と押される力

作用・反作用の法則

子どもが力士にぶつかっていっても，はね返されてしまいますね。
力士は子どもを押していないのに，なぜでしょうか。

⭐ 物体に力を加えると，どうなるの？

　人が壁を押すとき，押す力を作用といいます。このとき，同時に壁も人を押しています。
この押し返す力を反作用といいます。

【作用と反作用】

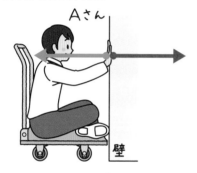

Aさん

壁

作用：Aさんが壁を押す力（→）
反作用：壁がAさんを押す力（←）

Aさんが壁から離れていくよ。

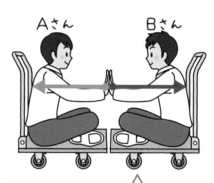

Aさん　　Bさん

作用：AさんがBさんを押す力（→）
反作用：BさんがAさんを押す力（←）

Aさんも Bさんも押されているよ。
Aさんと Bさんがおたがいに離れていくんだ。

作用・反作用の法則
① 2つの物体の間で，同時にはたらく。
② 2つの力は同じ大きさ。
③ 2つの力は反対向き。
④ 2つの力は一直線上にある。

ふりカエル

つり合う2つの力
① 1つの物体にはたらく
② 2つの力は同じ大きさ
③ 2つの力は反対向き
④ 2つの力は一直線上にある

　作用と反作用は，2つの物体の間で同時にはたらいていて，大きさは同じで，一直線上
で，力の向きは反対になっています。これを作用・反作用の法則といいます。

→子どもが力士を押すとき，同時に力士が子どもを押し返す力（反作用）がはたらくんだ。力士という大きな壁に子どもが
　ぶつかっていったのだと考えると，はね返されるのも納得だね。

覚 えておきたい用語

□①人が壁を押したときの，人が壁を押す力。

□②人が壁を押したときの，壁が人を押し返す力。

1 **物体にはたらく力について，次の問いに答えましょう。**

(1) 次のそれぞれの力（——→）について，反作用となる力をかきましょう。

①Aさんが壁を押す。

②本が机を押す。

③AさんがBさんを押す。

(2) 作用・反作用の関係にある２つの力にあてはまることを，次の**ア～エ**からすべて選びましょう。　　　　　　　　　（　　　　　　　）

ア　１つの物体にはたらく。　　　　イ　２つの力は一直線上にある。

ウ　２つの力は同じ大きさ。　　　　エ　２つの力は同じ向き。

(3) 台車に乗ったAさんが，台車に乗ったBさんを押しました。２人はどのように動きますか。　　　　（　　　　　　）

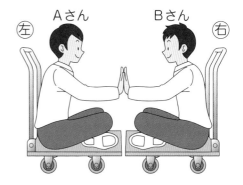

ア　Aさんだけが動く。

イ　Bさんだけが動く。

ウ　Aさんが左に，Bさんが右に動く。

 □作用・反作用の法則…**一直線上にあり，同じ大きさで反対向き**の力が，同時に２つの物体の間ではたらく。

29 理科であつかう仕事

仕事

私たちのまわりには，いろいろな仕事をしている人がいます。理科でいう「仕事」とは，どんな仕事なのでしょうか。

★ 理科でいう仕事って何？

　物体に力を加えて，力の向きにその物体を動かしたとき，力が物体に対して仕事をしたといいます。物体が動かない場合，仕事をしたことにはなりません。

【仕事】物体が力の向きに動く。

ものを押して動かす。

荷物を持ち上げる。

【仕事ではない】

岩を押したが動かない。

バケツを持ったまま立っている。

　仕事の大きさは，物体に加えた力の大きさと，物体を力の向きに動かした距離の積で表します。仕事の単位は，ジュール（記号：J）です。

公式

仕事〔J〕＝加えた力の大きさ〔N〕×力の向きに動かした距離〔m〕

※この本では，地球上で質量100gの物体にはたらく重力の大きさを1Nとして考えます。

例①　質量200gの物体を1.5mの高さまで持ち上げたときの仕事は何J？

質量200gの物体にはたらく重力の大きさは2Nなので，持ち上げる力は2N。
上向きに物体を動かした距離が1.5mなので，仕事は，

① [　　　]〔N〕 × ② [　　　]〔m〕 = ③ [　　　]〔J〕…答
（力の大きさ）　　　　（距離）　　　　　（仕事）

→理科では仕事＝職業ではないよ。物体を，どれだけの力でどれだけの距離を動かしたかを表しているんだ。

78

覚 えておきたい用語

□①加えた力の大きさ〔N〕×力の向きに動かした距離〔m〕で表されるもの。

[   ]

□②仕事の単位。

[   ]

練 習 問 題

1 物体に対する仕事について，次の問いに答えましょう。

(1) 物体に対して仕事をしているものを次の**ア**〜**ウ**から選びましょう。

(   )

ア

物体を持ち上げる。

イ

物体を支える。

ウ

物体を押すが動かない。

(2) 次の図で，物体にした仕事の大きさをそれぞれ求めましょう。

①5Nの力で物体を2m動かす。 　　②1kgの物体を120cm持ち上げる。

(   ) 　　　　　(   )

ま と め □仕事〔J〕＝加えた力〔N〕×力の向きに動かした距離〔m〕

30 道具を使ってする仕事

仕事の原理

> 仕事をするときに，道具はつきものですね。理科でいう仕事をするときに道具を使うと，何が変わるのでしょうか。

⭐ 道具を使うと仕事はどうなるの？

　道具を使うと，仕事をするときに加える力の大きさを小さくすることができます。しかし，力の向きに動かす距離は長くなります。

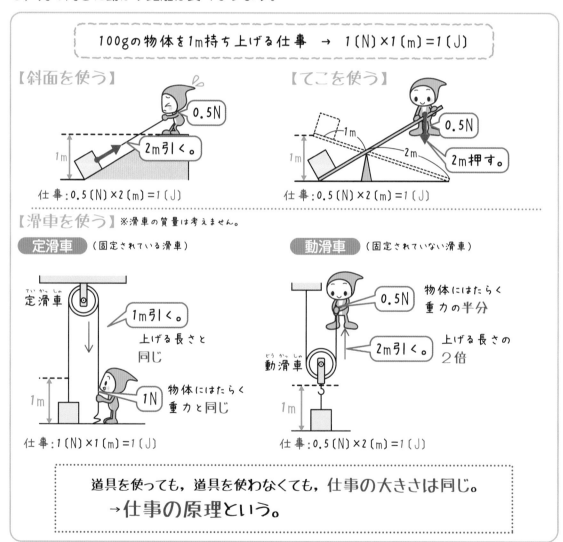

　100gの物体を1m持ち上げる仕事　→　1〔N〕×1〔m〕=1〔J〕

【斜面を使う】　0.5N　2m引く。
仕事：0.5〔N〕×2〔m〕=1〔J〕

【てこを使う】　0.5N　2m押す。
仕事：0.5〔N〕×2〔m〕=1〔J〕

【滑車を使う】※滑車の質量は考えません。

定滑車（固定されている滑車）
1m引く。
上げる長さと同じ
1N　物体にはたらく重力と同じ
仕事：1〔N〕×1〔m〕=1〔J〕

動滑車（固定されていない滑車）
0.5N　物体にはたらく重力の半分
2m引く。
上げる長さの2倍
仕事：0.5〔N〕×2〔m〕=1〔J〕

道具を使っても，道具を使わなくても，仕事の大きさは同じ。
→仕事の原理という。

　同じ仕事をする(同じ物体を同じ状態まで動かす)ときに，道具を使っても使わなくても，仕事の大きさは変わらないということを**仕事の原理**といいます。

→変速機つきの自転車で，軽い力のときはたくさんこがないと進まないのと同じだよ。

覚 えておきたい用語

□①同じ仕事をするとき，道具を使っても使わなくても，仕事の大きさは変わ

らないということ。

1　滑車を使って仕事をしました。次の問いに答えましょう。

(1)　道具を使わずに，質量600gの物体を1mの高さまで持ち上げました。この
ときの仕事は何Jですか。　　　　　　　　　　　　　　（　　　　　　　　）

(2)　次の図のような滑車を使って，質量600gの物体を1mの高さまで上げました。
それぞれ何Nの力でひもを引けばよいですか。

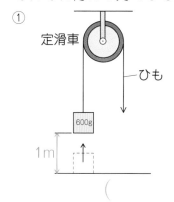

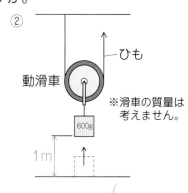

①（　　　　　　　）　　②（　　　　　　　）

(3)　(2)のそれぞれの場合で，1mの高さまで上げるためにはひもを何m引けばよ
いですか。　　　　　　　①（　　　　　　　）　　②（　　　　　　　）

(4)　(2)でした仕事は，それぞれ何Jですか。
　　　　　　　　　　　　　①（　　　　　　　）　　②（　　　　　　　）

(5)　仕事の大きさが(1)と(4)のようになることを何といいますか。
　　　　　　　　　　　（　　　　　　　　　　　　　　　）

　　□同じ仕事をするとき，道具を使って加える力の大きさを小さく
しても，仕事の大きさは変わらない。（仕事の原理）

③1 仕事をする能率

仕事率

同じ仕事をするのであれば，できるだけ能率よくこなしたいですよね。理科であつかう仕事にも能率があるのでしょうか。

⭐ 仕事の能率はどのように表すの？

仕事の能率は，1秒間にどれだけの仕事をしたかで比べます。この1秒間あたりの仕事の大きさを仕事率といい，単位はワット（記号：W）で表します。

公式

$$仕事率〔W〕= \frac{仕事〔J〕}{仕事にかかった時間〔s〕}$$

時間の単位「s」は「秒」のことだよ。

例①　質量500gの物体を4m持ち上げる仕事をするのに，5秒かかりました。このときの仕事率は？

〈ステップ①〉仕事の大きさ〔J〕を計算します。

仕事〔J〕=加えた力の大きさ〔N〕×動かした距離〔m〕

500gの物体にはたらく重力は5Nなので，仕事は，

5〔N〕 × 4〔m〕 = ①[　　　]〔J〕
　　　　　　　　　　（仕事）

一歩一歩！

〈ステップ②〉仕事率〔W〕を計算します。

〈ステップ①〉で求めた仕事をするのに5秒かかったので，仕事率は，

②[　　　]〔J〕 ÷ ③[　　　]〔s〕 = ④[　　　]〔W〕・・・答
（仕事）　　　　　　（時間）　　　　　　　（仕事率）

ゴール！！

仕事率が大きいということは，1秒間にする仕事が大きいということを表します。

2つの方法で同じ仕事をしたとき，仕事率の大きいほうが能率のよい方法といえます。

→JやWは電流の分野でも出てきたよね。消費電力50Wの電気製品は，1秒間に50Jの仕事をすることができるということだったんだ。ワット数の大きい電気製品は，1秒間にたくさんの仕事ができるよ。

➡答えは別冊 p.11

覚 えておきたい用語・公式

□① 1秒間あたりの仕事の大きさ。

□② 仕事率〔W〕＝ $\dfrac{\boxed{\text{ア}}}{\text{仕事にかかった}\boxed{\text{イ}}}$

ア

イ

A さんと B さんが質量 2 kg の物体を 1.5 m の高さまで持ち上げる仕事をしました。次の問いに答えましょう。

(1) 質量 2 kg の物体にはたらく重力は何 N ですか。

（　　　　　）

A さん　　　　　B さん

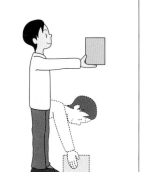
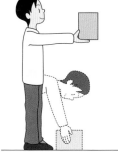

(2) A さんと B さんがした仕事の大きさはそれぞれ何 J ですか。

A （　　　　　）
B （　　　　　）

(3) A さんは，3 秒かけてこの仕事をしました。仕事率を求めましょう。

（　　　　　）

(4) B さんは，6 秒かけてこの仕事をしました。仕事率を求めましょう。

（　　　　　）

(5) 仕事の能率がよかったのは，A さんと B さんのどちらですか。

（　　　　　）

まとめ □仕事率〔W〕＝ $\dfrac{\text{仕事〔J〕}}{\text{仕事にかかった時間〔s〕}}$

 〈左ページ 例1 の答え〉 ①20 　②20 　③5 　④4

32 高いところにある物体

位置エネルギー

登山をしていたら，落石注意の看板が出ていました。上から転がり落ちてくる岩は，どのくらい危険なのでしょうか。

1 物体がもつエネルギーって？

ある物体が，ほかの物体に対して仕事ができる状態であるとき，その物体は**エネルギー**をもっているといいます。

おもりをくいの上に落とすと，くいを打ちこむ仕事ができます。つまり，このおもりはエネルギーをもっています。

このように，高いところにある物体がもつエネルギーを，位置エネルギーといいます。

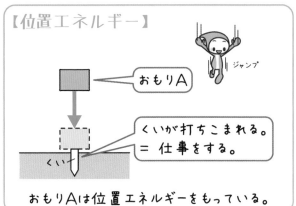

【位置エネルギー】

おもりA

くいが打ちこまれる。
＝ 仕事をする。

くい

おもりAは位置エネルギーをもっている。

2 位置エネルギーを大きくするには？

位置エネルギーを大きくするには，位置を高くする，質量を大きくするという方法があります。

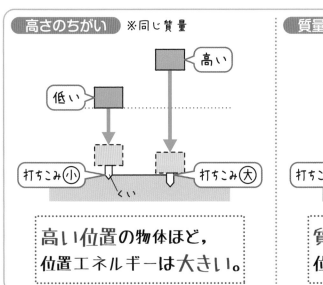

高さのちがい ※同じ質量

高い

低い

打ちこみ小　くい　打ちこみ大

高い位置の物体ほど，
位置エネルギーは大きい。

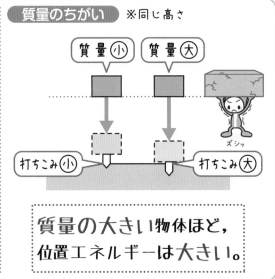

質量のちがい ※同じ高さ

質量小　質量大

ズシッ

打ちこみ小　打ちこみ大

質量の大きい物体ほど，
位置エネルギーは大きい。

→重い岩が高い山の上から転がり落ちてきたら…落石が大きなエネルギーをもっていて危険だとわかるよね。

➡答えは別冊 p.11

覚 えておきたい用語

□①高いところにある物体がもっているエネルギー。

練習問題

1 高いところにある物体について，次の問いに答えましょう。

(1) ある物体が，ほかの物体に対して仕事ができる状態であるとき，その物体は何をもっているといいますか。　（　　　　　　　　　）

(2) 図のように，おもりをくいの上に落としたところ，くいが打ちこまれました。落とす前のおもりがもっていた(1)を何といいますか。

（　　　　　　　　　）

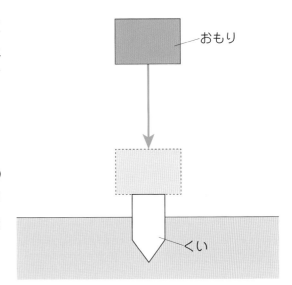

おもり

くい

(3) くいに落とすおもりの高さを次の**ア〜ウ**のように変えました。おもりのもつ(2)が最も大きいものを選びましょう。　（　　　　）

ア 30cmの高さ
イ 50cmの高さ
ウ 80cmの高さ

(4) くいに落とすおもりの質量を次の**ア〜ウ**のように変えました。おもりのもつ(2)が最も大きいものを選びましょう。　（　　　　　　）

ア 質量100g　　**イ** 質量200g　　**ウ** 質量400g

まとめ
□高いところにある物体は，位置エネルギーをもっている。
□位置が高く，質量が大きい物体ほど，位置エネルギーは大きい。

33 動いている物体

運動エネルギー

ボウリングをして遊んでいたら，球の重さや投げ方によってピンの倒れ方がちがうようでした。どうしてでしょうか。

パカーン

★ 運動する物体がもつエネルギーって？

台車を転がして木片（もくへん）にぶつけると，木片を移動させるという仕事ができます。つまり，転がる台車はエネルギーをもっています。

【運動エネルギー】

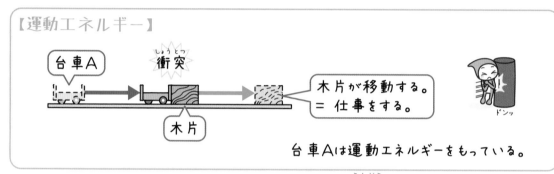

このように，運動している物体がもつエネルギーを，運動（うんどう）エネルギーといいます。

運動エネルギーを大きくするには，速さを大きくする，質量を大きくするという方法があります。

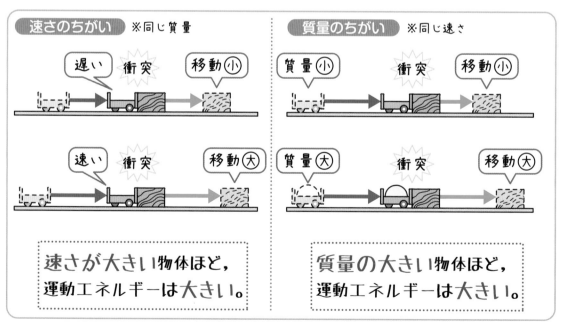

→重い球を速く投げると運動エネルギーが大きくなって，当たったピンが飛ばされやすくなるよ。試してみてね。

86

 えておきたい用語

□①運動している物体がもっているエネルギー。

1 運動している物体について，次の問いに答えましょう。

(1) 台車を転がして木片に衝突させたところ，木片が移動しました。木片に衝突した台車がもっていたエネルギーを何といいますか。

（　　　　　　　　　　）

(2) 台車のもつ(1)が大きくなると，衝突した木片の移動距離は長くなりますか，短くなりますか。　　　　　　　　（　　　　　　　　　　）

(3) 転がる台車の速さを次のア～ウのように変えました。台車のもつ(1)が最も大きいものを選びましょう。　　　　　　　　　（　　　　　　　　　　）

　ア　20cm/sの速さ　　イ　50cm/sの速さ　　ウ　70cm/sの速さ

(4) 転がる台車の質量を次のア～ウのように変えました。台車のもつ(1)が最も大きいものを選びましょう。　　　　　　　　（　　　　　　　　　　）

　ア　質量100g　　　　イ　質量200g　　　　ウ　質量400g

まとめ
□運動している物体は，運動エネルギーをもっている。
□速さが大きく，質量が大きい物体ほど，運動エネルギーは大きい。

㉞ 減らないエネルギー

力学的エネルギーの保存

ジェットコースターは，一度下り始めると，あとは勝手にゴールまで進んでいきます。なぜ動くことができるのでしょうか。

⭐ 位置エネルギーと運動エネルギーの関係は？

物体のもつ位置エネルギーと運動エネルギーの和を力学的エネルギーといいます。

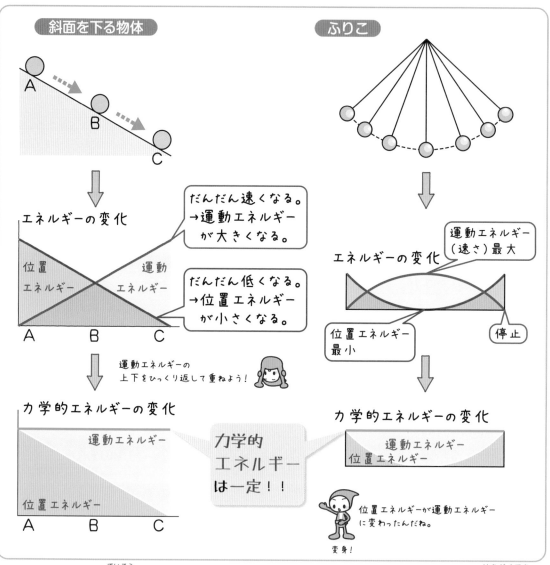

斜面を下る物体

ふりこ

エネルギーの変化

だんだん速くなる。
→運動エネルギーが大きくなる。

位置エネルギー　運動エネルギー

だんだん低くなる。
→位置エネルギーが小さくなる。

運動エネルギー（速さ）最大

エネルギーの変化

位置エネルギー最小

停止

運動エネルギーの上下をひっくり返して重ねよう！

力学的エネルギーの変化

運動エネルギー

位置エネルギー

力学的エネルギーは一定！！

力学的エネルギーの変化

運動エネルギー
位置エネルギー

位置エネルギーが運動エネルギーに変わったんだね。

変身！

　摩擦力や空気の抵抗などがないとき，力学的エネルギーは一定です。これを力学的エネルギーの保存といいます。

→ジェットコースターは最初に得た位置エネルギーを運動エネルギーに変えて進んでいるんだ。

88

覚 えておきたい用語

□①位置エネルギーと運動エネルギーの和。

[   ]

□②物体のもつ力学的エネルギーは一定であるということ。

[   ]

練習問題

1　図1は斜面を下る台車の運動，図2はふりこのようすです。A〜Cでのエネルギーについて，次の問いに答えましょう。ただし，摩擦力や空気の抵抗は考えないものとします。

(1)　台車の位置エネルギーの関係を，次の
　　ア〜カから選びましょう。（　　　　）

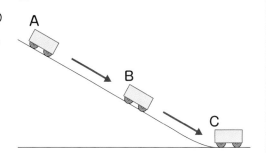

図1

ア　A＝B＝C　　　イ　A＞B＞C
ウ　C＞B＞A　　　エ　B＞A＞C
オ　A＝C＞B　　　カ　B＞A＝C

(2)　台車の運動エネルギーの関係を，(1)のア〜カから選びましょう。（　　　　）

(3)　台車の力学的エネルギーの関係を，(1)の
　　ア〜カから選びましょう。（　　　　）

図2

(4)　ふりこの運動エネルギーの関係を，(1)の
　　ア〜カから選びましょう。（　　　　）

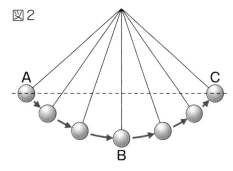

(5)　ふりこの力学的エネルギーの関係を，(1)
　　のア〜カから選びましょう。（　　　　）

まとめ
□力学的エネルギー ＝ 位置エネルギー ＋ 運動エネルギー
□力学的エネルギーは一定。（力学的エネルギーの保存）

35 いろいろなエネルギー

エネルギーの移り変わり

電気のエネルギーや光のエネルギーなど，いろいろなエネルギーがありますね。エネルギーどうしに関係はあるのでしょうか。

1 どんなエネルギーがあるの？

位置エネルギーと運動エネルギーの和を力学的エネルギーといいました。ほかにも，電気エネルギーや光エネルギーなど，さまざまなエネルギーがあります。

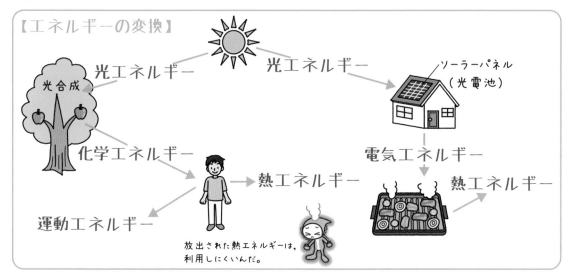

【エネルギーの変換】

光合成　光エネルギー　光エネルギー　ソーラーパネル（光電池）

化学エネルギー　電気エネルギー

運動エネルギー　熱エネルギー　熱エネルギー

放出された熱エネルギーは，利用しにくいんだ。

エネルギーは，さまざまな場面で，いろいろなエネルギーに変換できます。

2 エネルギーを使うと，なくなるの？

力学的エネルギーは，摩擦力などがはたらくと小さくなります。しかし，すべてのエネルギーをふくめると，エネルギーの全体の量は一定に保たれています。

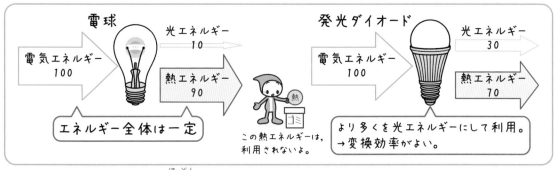

電球　光エネルギー 10

電気エネルギー 100　熱エネルギー 90

エネルギー全体は一定

この熱エネルギーは，利用されないよ。

発光ダイオード　光エネルギー 30

電気エネルギー 100　熱エネルギー 70

より多くを光エネルギーにして利用。→変換効率がよい。

これを，エネルギーの保存といいます。

→ほかのエネルギーに変換しにくいものもあるよ。できるだけエネルギーをむだにしないようにしたいね。

覚 えておきたい用語

□①熱がもつエネルギー。

□②光がもつエネルギー。

□③電気がもつエネルギー。

練習問題

1 いろいろなエネルギーについて，次の問いに答えましょう。

(1) 次の①，②では，何エネルギーが何エネルギーに変換されていますか。それ
ぞれ（ ）にあてはまるエネルギーを書きましょう。

① ホットプレート

ホットプレート

（　　　　　　　）エネルギー

→（　　　　　　　）エネルギー

② ソーラーパネル（光電池）

太陽　　　　ソーラーパネル

（　　　　　　　）エネルギー

→（　　　　　　　）エネルギー

(2) すべてのエネルギーを考えたときに，エネルギーが変換されてもエネルギー
の全体の量は一定に保たれているということを何といいますか。

（　　　　　　　　　　　　　　　　　）

 □すべてのエネルギーを考えると，エネルギー全体の量は，エネ
ルギーの移り変わりの前後で変化しない（エネルギーの保存）。

36 もののあたたまり方

熱の伝わり方

寒い冬でもこたつの中は，ぽかぽかしていて気持ちがいいですよね。こたつの中はどのようにあたためられるのでしょうか。

⭐ もののあたためられ方って？

ものがあたためられるとき，熱が伝わります。熱の伝わり方には，伝導（熱伝導），対流，放射（熱放射）の３つがあります。

フライパンを熱すると，熱せられた部分からフライパン全体へ熱が伝わります。

【伝導】
全体が金属でできたフライパン
あつっ
この部分も熱くなっている。
この部分を熱すると…

このように，高温の部分から低温の部分へ直接熱が伝わることを伝導（熱伝導）といいます。

なべに入った水を熱すると，熱せられた水が上に，冷たい水が下に移動します。

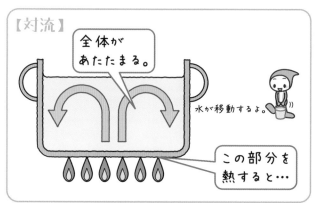

【対流】
全体があたたまる。
水が移動するよ。
この部分を熱すると…

このように，あたためられた液体や気体が移動して熱が伝わることを対流といいます。

太陽のように，高温の物体は光などを出します。この光などが当たった物体は，あたためられます。

【放射】
太陽からの光をあびると…
離れていてもあたたまる。
OIL

このように，離れているところでも光や赤外線などによって熱が伝わることを放射（熱放射）といいます。

→こたつの中のランプからも光が出ているよね。この光が当たって，体があたたまるよ。

92

➡答えは別冊 p.12

覚 えておきたい用語

□①高温の部分から直接熱が伝わる熱の伝わり方。

□②あたためられたものが移動する熱の伝わり方。

□③光などによって，離れていてもあたたかくなる熱の伝わり方。

もののあたたまり方について，次の問いに答えましょう。

(1) 次の①〜③のような熱の伝わり方を，それぞれ何といいますか。

①   ②   ③

  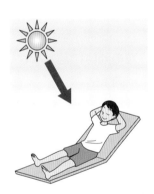

(   )   (   )   (   )

(2) 次の①，②は何という熱の伝わり方に関係したものですか。

① スポットライトの光をあびていると，だんだんとあたたかくなってきた。

(   )

② 冬の教室で，低い場所にある暖房を使ったら，教室全体があたたまった。

(   )

 □熱の伝わり方には，伝導（熱伝導），対流，放射（熱放射）の3つがある。

まとめのテスト

勉強した日	得点
月　　日	／100点

➡答えは別冊 p.12

1 水中ではたらく力について，次の問いに答えなさい。　6点×3(18点)

(1) 物体を水中に入れたとき，水圧は物体のどの方向からはたらきますか。次の**ア〜エ**から最もよいものを選びなさい。　　（　　　　　）

　　ア 上から　　**イ** 下から　　**ウ** 横から　　**エ** あらゆる方向から

(2) 水面からの水の深さが深くなると，水圧の大きさはどのようになりますか。
　　　　　　　　　　　　　　　　　　　　　　　　　（　　　　　）

(3) 物体を水中に入れたとき，物体にはたらく上向きの力のことを何といいますか。
　　　　　　　　　　　　　　　　　　　　　　　　　（　　　　　）

2 1秒間に60回打点する記録タイマーと台車を用いて，斜面を下る運動を調べました。次の問いに答えなさい。　6点×4(24点)

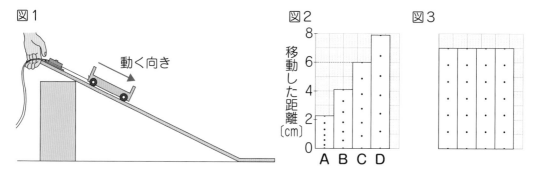

図1　　動く向き　　図2　　図3

(1) 6打点分の記録テープの長さは，何秒間に移動した距離を表していますか。
　　　　　　　　　　　　　　　　　　　　　　　　　（　　　　　）

(2) 図2の**C**が記録されたときの平均の速さは何cm/sですか。　（　　　　　）

(3) 図3は水平な台の上を進むときの台車の運動を調べたものです。このときの台車の運動を何といいますか。　　　　（　　　　　）

(4) 台車に力がはたらいていないとき，台車は(3)の運動を続けます。物体のもつこのような性質を何といいますか。　　　　　　　　　（　　　　　）

3 図のように，スケートボードに乗ったAさんがスケートボードに乗ったBさんを押しました。次の問いに答えなさい。 6点×3（18点）

(1) AさんとBさんはどのように動きますか。次の**ア〜ウ**からそれぞれ選びなさい。

A（　　　　　　）　　B（　　　　　　）

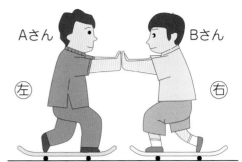

ア　左に動く。　　　イ　右に動く。
ウ　動かない。

(2) (1)のように動くのは，AさんとBさんに力がはたらいたからです。このような力が2人の間ではたらき合うという法則を何といいますか。

（　　　　　　　　　　　　　　　　　　　　）

4 図のように，2kgの物体を2mの高さまで引き上げました。次の問いに答えなさい。ただし，100gの物体にはたらく重力の大きさを1Nとし，滑車の質量は考えないものとします。 5点×8（40点）

(1) 図1，図2で，ひもを引く力はそれぞれ何Nですか。　図1（　　　　　　）
　　　　　　　　　　　　　　　　　図2（　　　　　　）

図1

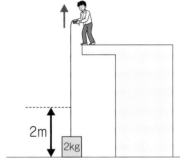

(2) 図1，図2で，ひもを引いた長さはそれぞれ何mですか。　図1（　　　　　　）
　　　　　　　　　　　　　　　　　図2（　　　　　　）

(3) 図1，図2でした仕事の大きさはそれぞれ何Jですか。　図1（　　　　　　）
　　　　　　　　　　　　　　　　　図2（　　　　　　）

(4) 仕事の大きさが(3)のようになることを何といいますか。

（　　　　　　　　　　　　　　　　）

図2

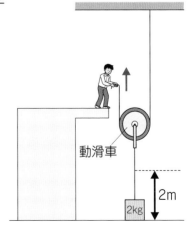

動滑車

(5) 図1で，物体を5秒で2mの高さまで引き上げました。このときの仕事率は何Wですか。

（　　　　　　　　　　　　）

特集 力を見分けよう！

2つの力のつり合いと作用・反作用

〈ちがいを整理しよう〉

つり合っている2つの力

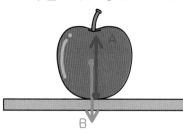

台からの垂直抗力（A）
＝台が**物体**を押す力

物体にはたらく**重力**（B）
＝地球が**物体**を引っぱる力

↓

「～を」の部分がいっしょだよ。

1つの物体にはたらく2つの力

作用・反作用の2つの力

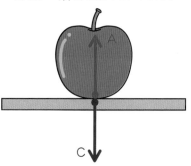

台からの垂直抗力（A）
＝**台**が物体を押す力

物体が台を押す力（C）

↓

「～が」と「～を」が
反対になっているよ。

2つの物体の間ではたらく力

〈例で確認しよう〉

A：天井（てんじょう）がひもを引く力
B：ひもが天井を引く力
C：ひもがおもりを引く力
D：おもりがひもを引く力
E：地球がおもりを引く力

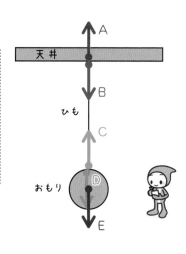

つり合っている力
・AとD
　→ひもにはたらく力
・CとE
　→おもりにはたらく力

作用・反作用の力
・AとB
　→天井とひもの間で
　　はたらく力
・CとD
　→ひもとおもりの間で
　　はたらく力

地球と宇宙

4

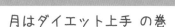

この章では,
地球の動きや天体の見え方,
宇宙の広がりなどについて
学習します。

37 星の見える位置

天球と方位

> プラネタリウムに行くと，いろいろな星の動きを楽しむことができます。実際の星はどのような位置にあるのでしょうか。

1 地球から星までの距離は？

星によって地球からの距離がちがいますが，遠すぎてそのちがいを感じられません。

そのため，すべての星が丸い天井（てんじょう）の上にあるように見えます。この見かけ上の球形の天井を天球（てんきゅう）といいます。

天球は実際には存在しませんが，天体の動きを調べるのに便利です。

→天球は巨大なプラネタリウムのようなものだね。

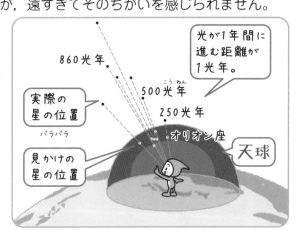

2 星の見える位置は？

観測者から見た天体の位置を表すときは，方位と高度を用います。北極と南極を結ぶ経線（子午線）の北極の方向が北です。

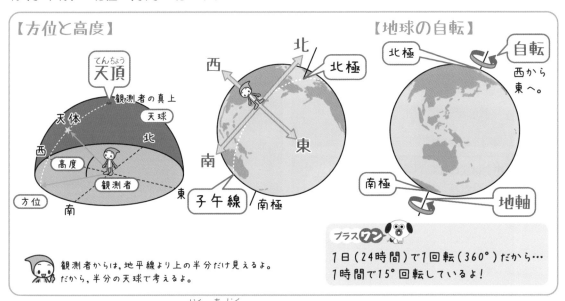

観測者からは，地平線より上の半分だけ見えるよ。だから，半分の天球で考えるよ。

プラスワン
1日（24時間）で1回転（360°）だから…
1時間で15°回転しているよ！

地球は，北極と南極を結ぶ軸（地軸）を中心にして，1日に1回，西から東に向かって回転しています。これを自転といいます。

➡答えは別冊 p.12

覚 えておきたい用語

□①天体の位置や動きを調べるときに便利な，見かけ上の球形の天井。

□②地球の北極と南極を結ぶ軸。

□③地球が1日に1回転すること。

練習問題

1 天体の位置の表し方について，次の問いに答えましょう。

(1) 天体の位置や動きを調べるときに用いる，見かけ上の球形の天井のことを何といいますか。

（　　　　　）

図1

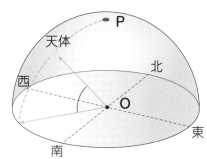

(2) 図1で，点Oを観測者の位置としたとき，点Oの真上の点Pを何といいますか。

（　　　　　）

(3) 図2で，北極と南極を結ぶ軸アを何といいますか。（　　　　　）

図2

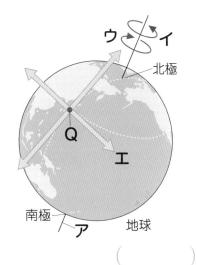

(4) 図2で，地球の自転の向きは，イ，ウのどちらですか。（　　　　　）

(5) 点Qから見たとき，エはどの方位を表していますか。東西南北で答えましょう。

（　　　　　）

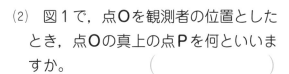

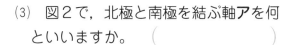

まとめ

□天体の位置を表すのに便利な見かけ上の天井を天球という。

□地球は，地軸を中心に，西から東へ1日に1回自転している。

㊳ 太陽の動き

太陽は1日の間に東から西へ動いて見えますね。地球が自転しているのと、関係があるのでしょうか。

⭐ 太陽はどのように動いているの？

透明半球(天球の半分を表す)を使って、日本での太陽の1日の動きを観測します。

太陽の動きの観測

観測方法

1. 透明半球を固定します。
2. 太陽の位置を記録します。
3. 1時間おきに記録し、線で結びます。

ペンの先の影が円の中心にくる位置に、印をつける。

観測結果

規則正しく動いているね。

12:00　13:00
　　　　14:00
11:00　　　15:00
　　　　　16:00
10:00
9:00　　　　西
8:00
南　　　　中心　　　北
　　　　東
（秋分の日）

1!2!

太陽は、東からのぼり、南の空を通って西に沈む。

いちばん高い！

南中
南中高度
太陽の動き
（日周運動）

天頂
天球
日の入り
西
南　　　　　　北
日の出
東
（秋分の日）

太陽が真南の空を通るとき、その高度が最も高くなります。このとき太陽が南中するといい、その高度を南中高度といいます。

太陽は、規則正しく動いて見えます。この動きは地球の自転による見かけの動きで、太陽の日周運動といいます。

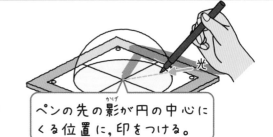

太陽の日周運動の向き
東→西
地球の自転の向き
西→東

地球が西から東へ自転するので、太陽は東から西へ動いて見えます。

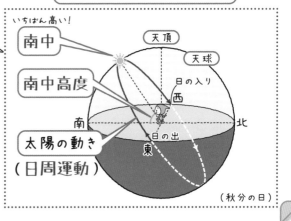

南
東　　　西
北

→電車が右から左に進んだとき、電車の中からは景色が左から右に動くように見えるのと同じだよ。

覚 えておきたい用語

□①太陽が真南の空を通ること。高度が最も高くなる。 [　　　　　]

□②太陽が南中するときの高度。 [　　　　　]

□③地球の自転による，太陽の見かけの動き。 [　　　　　]

練習問題

1 日本のある地点での太陽の動きを透明半球に記録しました。次の問いに答えましょう。

(1) 太陽の位置を記録するとき，ペンの先の影がどこにくるようにしますか。次の**ア**～**ウ**から選びましょう。
（　　　　）

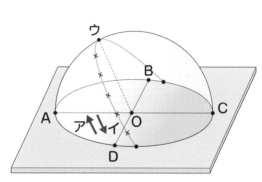

ア A点　　**イ** B点　　**ウ** O点

(2) 図で，A～Dの方位はそれぞれ東西南北のどれですか。
A（　　　　）　　B（　　　　）　　C（　　　　）　　D（　　　　）

(3) 太陽の動く向きは，図の**ア**，**イ**のどちらですか。　　　　（　　　　）

(4) 図の**ウ**では太陽が最も高い位置を通っています。このことを何といいますか。
（　　　　）

(5) 図のような太陽の動きを太陽の何といいますか。（　　　　）

(6) 太陽が動いて見えるのは，地球の何が原因ですか。　　（　　　　）

 □太陽が南中するときの高度を南中高度という。
□地球の自転による太陽の見かけの動きを，太陽の日周運動という。

観測のページ 星の日周運動

➡答えは別冊 p.13

観測 ① 北の空の星

地球の自転によって，星も太陽と同じように1日に1回転して見えます。
この見かけの動きを星（天体）の日周運動といいます。

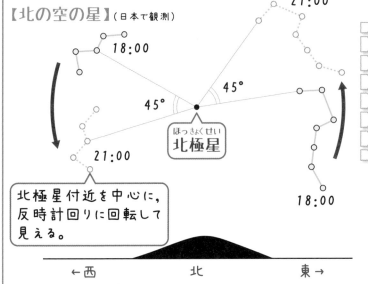

【北の空の星】(日本で観測)

21:00
18:00
45°
45°
45°
北極星
21:00
18:00

北極星付近を中心に，
反時計回りに回転して
見える。

1日で約1回転
‖
24時間で約360°回転
‖
1時間で約15°回転

←西　　　北　　　東→

実際には，星は動いていないんだよ。
太陽の見かけの動き（日周運動）と同じ現象なんだ。

＞＞＞＞＞＞＞＞＞＞＞＞＞＞＞＞＞＞＞＞＞＞＞
　北の空の星
　→北極星付近を中心に，反時計回りに，1時間に約15°回転する。

練習問題 1　観測①について，次の問いに答えましょう。

(1) 北の空の星は，何という星の付近を中心に動いて見えますか。

（　　　　　　）

(2) 北の空の星は，(1)の星付近を中心に，どのように動いて見えますか。次の**ア**，
イから選びましょう。　　　　　　　　　　　　　　　　　　（　　　　　　）
　　ア 時計回り　　　**イ** 反時計回り

(3) 北の空の星は，1時間におよそ何度動いて見えますか。　　（　　　　　　）

観測 ② 東，南，西の空の星

【南の空の星】（日本で観測）

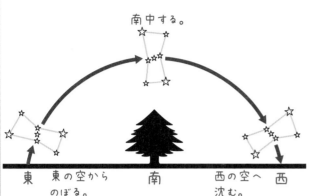

南中する。

東　東の空から
のぼる。

南

西の空へ
沈む。　西

天球上のすべての天体は，地球の自転とは反対の向きに向かって，1日に1回転して見えます。

【東の空】	【南の空】	【西の空】
右ななめ上の方向へ動く	右の方向へ動く	右ななめ下の方向へ動く

星の日周運動　北極星付近

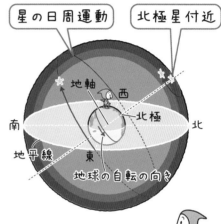

地軸　西
北極
南　　　　北
地平線　東
地球の自転の向き

どの星も，東から高いところを通って西へ向かっていたんだね。

東・南・西の空の星
→東からのぼり，南の空の高いところを通って西に沈む。

練習問題 2　観測②について，次の問いに答えましょう。

(1) 南の空の星は，どのように動いて見えますか。次の**ア**～**カ**から選びましょう。
（　　　　）

ア 右へ動く。　　**イ** 右ななめ上へ動く。　　**ウ** 右ななめ下へ動く。
エ 左へ動く。　　**オ** 左ななめ上へ動く。　　**カ** 左ななめ下へ動く。

(2) 東の空の星，西の空の星はどのように動いて見えますか。(1)の**ア**～**カ**からそれぞれ選びましょう。　　　東の空（　　　　）　　西の空（　　　　）

(3) 南中した星は，やがて東に沈みますか，西に沈みますか。
（　　　　）

㊴ 星の1年の動き

年周運動

七夕の伝説にも登場する織姫や彦星。夏の夜空では見られるのに，冬に見ることができないのはなぜでしょうか。

❶ 季節によって見える星座がちがうのはなぜ？

地球は，太陽のまわりを1年かけて1回転しています。これを公転といいます。

東→西の向きに移動（年周運動）

同じ時刻に観測。

プラスワン　1年（365日）で1回転（360°）だから…1日に約1°回転しているよ！

地球の公転による天体の見かけの動きを年周運動といいます。

❷ 太陽の位置も変わるの？

昼に星を見ることはできませんが，太陽の方向にも星座があります。地球から見た太陽は，これらの星座の間を移動するように見えます。

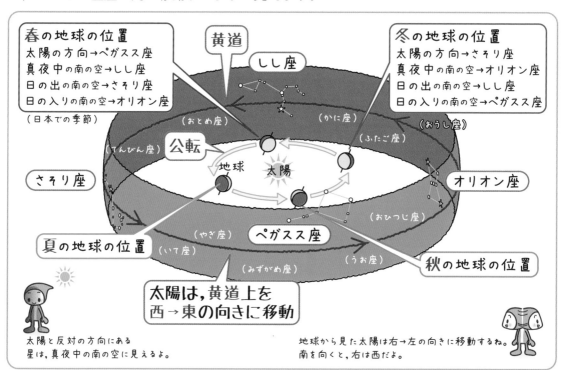

春の地球の位置
太陽の方向→ペガスス座
真夜中の南の空→しし座
日の出の南の空→さそり座
日の入りの南の空→オリオン座
（日本での季節）

冬の地球の位置
太陽の方向→さそり座
真夜中の南の空→オリオン座
日の出の南の空→しし座
日の入りの南の空→ペガスス座

黄道　しし座　（おとめ座）　（かに座）　（ふたご座）　（おうし座）

（てんびん座）　公転　地球　太陽　オリオン座

さそり座　（やぎ座）　ペガスス座　（おひつじ座）

夏の地球の位置　（いて座）　（みずがめ座）　（うお座）　秋の地球の位置

太陽は，黄道上を西→東の向きに移動

太陽と反対の方向にある星は，真夜中の南の空に見えるよ。

地球から見た太陽は右→左の向きに移動するね。南を向くと，右は西だよ。

この天球上の太陽の通り道を黄道といいます。

→しし座など黄道付近の12の星座は，黄道12星座とよばれるよ。星占いなどで耳にする星座だね。

覚えておきたい用語

□①地球が１年に１回太陽のまわりを回ること。

□②地球の公転による，天体の見かけの動き。

□③天球上の太陽の通り道。

練習問題

1 日本のある地点で星の動きを観測しました。次の問いに答えましょう。

図１

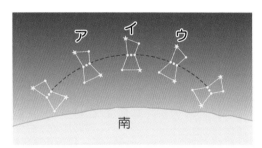

図２

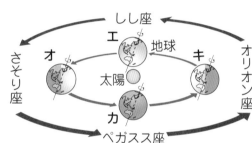

(1) 図１で，**イ**は12月15日午後８時のオリオン座の位置です。11月15日午後８時のオリオン座の位置は，**ア**，**ウ**のどちらですか。　　　（　　　　）

(2) １か月で，オリオン座の星は約何度動きましたか。　　　（　　　　）

(3) (2)のように動いて見えるのは，地球の何という動きが原因ですか。
　　　　　　　　　　　　　　　　　　　　　　　　　　　（　　　　）

(4) 図２で，真夜中の南の空にさそり座が見えているのは，**エ〜キ**のどこに地球があるときですか。　　　　　　　　　　　　　　　　　（　　　　）

(5) 太陽は１年で星座の間を１周するように動いて見えます。この天球上の太陽の通り道を何といいますか。　　　　　　　　　　　　（　　　　）

　□地球の公転による天体の見かけの動きを，年周運動という。
　□天球上の太陽の通り道を黄道という。

40 太陽の高さと季節

季節の変化

夏になると太陽が高く，冬になると太陽が低く感じませんか？
太陽の高さと季節にはどのような関係があるのでしょうか。

⭐ 季節によって太陽の高さはちがうの？

季節によって，太陽の日周運動にちがいがあります。

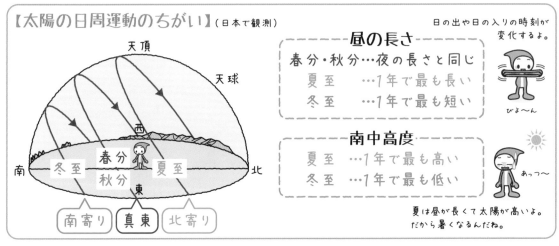

【太陽の日周運動のちがい】(日本で観測)

天頂　天球
西　南　北　東
冬至　春分 秋分　夏至
南寄り　真東　北寄り

日の出や日の入りの時刻が変化するよ。

昼の長さ
春分・秋分…夜の長さと同じ
夏至　…1年で最も長い
冬至　…1年で最も短い

びょ〜ん

南中高度
夏至　…1年で最も高い
冬至　…1年で最も低い

あっつ〜

夏は昼が長くて太陽が高いよ。だから暑くなるんだね。

このちがいは，地球の**地軸が傾いている**ために起こります。地球は，地軸を公転面に垂直な方向から約23.4°傾けたまま，自転しながら公転しています。

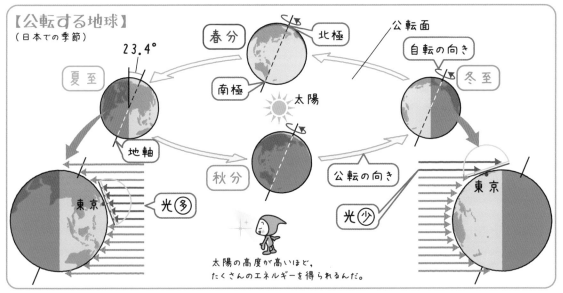

【公転する地球】
(日本での季節)

23.4°
夏至
春分　北極
南極
地軸
秋分
公転面
自転の向き
冬至
太陽
公転の向き
東京
光(多)
光(少)
東京

太陽の高度が高いほど，たくさんのエネルギーを得られるんだ。

1年の間に太陽の南中高度や昼の長さが変化し，季節の変化が生じています。

→東京(北緯35°)での南中高度は，夏至に78.4°，冬至に31.6°なんだ。夏と冬で46.8°もちがうんだよ。

□①太陽の南中高度が最も高くなる日。

□②太陽の南中高度が最も低くなる日。

□③春，昼と夜の長さが等しくなる日。

練習問題

1 図1は日本のある地点の，春分・夏至・秋分・冬至の日の太陽の日周運動を表したもので，図2は太陽のまわりを公転する地球のようすです。次の問いに答えましょう。

(1) 図1で，春分，夏至，秋分，冬至の日の太陽の動きを表しているのはA〜Cのどれですか。

春分（　　　）　　夏至（　　　）
秋分（　　　）　　冬至（　　　）

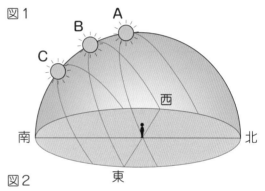

図1

(2) 図2で，春分，夏至，秋分，冬至の日の地球の位置を表しているのはD〜Gのどれですか。

春分（　　　）　　夏至（　　　）
秋分（　　　）　　冬至（　　　）

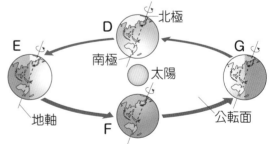

図2

(3) 図2で，日本で昼の長さが最も長くなるのは，D〜Gのどのときですか。

（　　　　　）

(4) 図2で，日本で南中高度が最も低くなるのは，D〜Gのどのときですか。

（　　　　　）

まとめ

□地球が地軸を傾けたまま公転しているので，太陽の南中高度や昼の長さが変化し，季節の変化が生じる。

41 太陽のようす

太陽

太陽の観測には，目をいためないように必ずしゃ光板を使います。
まぶしい太陽の表面は，どのようになっているのでしょうか。

★ 太陽はどのようなすがたをしているの？

太陽のように，自ら光っている天体を恒星といいます。太陽の表面には，周囲よりも
温度の低い部分があり，黒点とよばれる黒い斑点として見られます。

黒点の観察

観察方法
太陽の像を投影し，黒点をスケッチします。

観察結果

しゃ光板

太陽投影板

くるくる！

太陽も回っているんだね。

| 黒点が少しずつ移動 | →太陽が自転しているから。 |
| 円形の黒点が周辺部でだ円形 | →太陽が球形をしているから。 |

太陽の表面には，黒点のほかに，
プロミネンス（紅炎），コロナなど
が見られます。

太陽は，水素やヘリウムなどででき
た，巨大な（直径が地球の約109倍）天
体です。

太陽からのエネルギーは，地球の環
境を支えるのに役立っています。

プロミネンス（紅炎）
炎のようなガスの動き

表面
（約6000℃）

中心部
（約1600万℃）

黒点
（約4000℃）

コロナ
高温のガスの層

→太陽は地球からおよそ１億5000万kmも離れているのに，しゃ光板なしでは観測できないくらいまぶしいね。

覚えておきたい用語

□①太陽の表面に見られる，黒い斑点。

□②太陽に見られる，炎のようなガスの動き。

□③太陽のまわりにある，高温のガスの層。

練習問題

① 太陽のようすについて，次の問いに答えましょう。

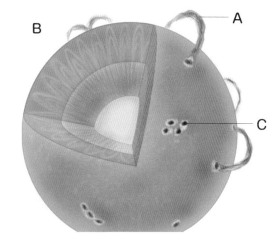

(1) 炎のようなガスの動き**A**を何といいますか。

　　（　　　　　　　　　　　　）

(2) 高温のガスの層である**B**を何といいますか。　　（　　　　　　　　　）

(3) 黒い斑点**C**を何といいますか。

　　（　　　　　　　　　　　　）

(4) (3)は周囲よりも温度が高いですか，低いですか。

　　　　　　　　　　　　　　　（　　　　　　　　　）

(5) (3)を観察すると，少しずつ移動していました。このことから，太陽がどのような動きをしていることがわかりますか。　　（　　　　　　　　　）

(6) (3)を観察すると，中央部では円形だったものが周辺部ではだ円形に見えました。このことから，太陽がどのような形をしていることがわかりますか。

　　　　　　　　　　　　　　　（　　　　　　　　　）

□太陽は球形で，自転をしている恒星である。
□太陽の表面には，周囲よりも温度の低い黒点が見られる。

42 月の見え方

十五夜のお月見を楽しんだことはありますか。十五夜に見られる名月といえば満月ですが，満月と15に関係はあるのでしょうか。

⭐ 月の形はどのように変わるの？

月は地球からいちばん近い天体で，地球のまわりを公転しています。また，自ら光を出さず，太陽からの光を反射してかがやいて見えます。

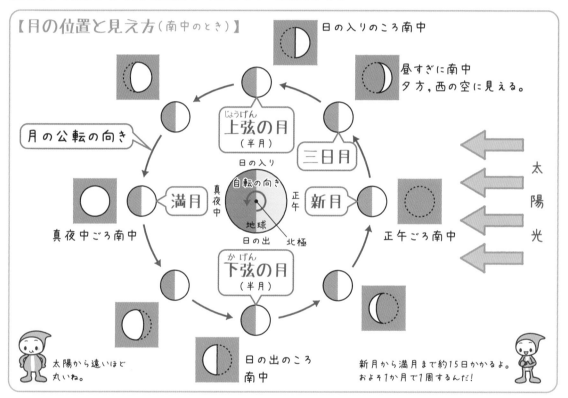

【月の位置と見え方（南中のとき）】

日の入りのころ南中

昼すぎに南中
夕方，西の空に見える。

上弦の月（じょうげん）（半月）

三日月

月の公転の向き

満月

日の入り
真夜中
自転の向き
地球
日の出
北極
正午
新月

真夜中ごろ南中

下弦の月（かげん）（半月）

正午ごろ南中

太陽光

太陽から遠いほど丸いね。

日の出のころ南中

新月から満月まで約15日かかるよ。およそ1か月で1周するんだ！

太陽・月・地球の位置関係によって，月のかがやいている部分の見え方が変化するので，月の形が変化して見えます。

月は，太陽と同じように，東から西へ日周運動をしています。

また，毎日同じ時刻に観測すると，形を変えながら西から東へと動いていきます。

10月6日
10月10日
10月2日
10月14日
（夕方に観測）

東　南　西

→新月の日から数えておよそ15日後に見られる月の形が満月なんだね。

覚えておきたい用語

□①月が地球のまわりを回ること。

□②真夜中に南中する月の形。

□③正午に南中する月の形。

練習問題

① 図は，地球と月の位置関係を表しています。次の問いに答えましょう。

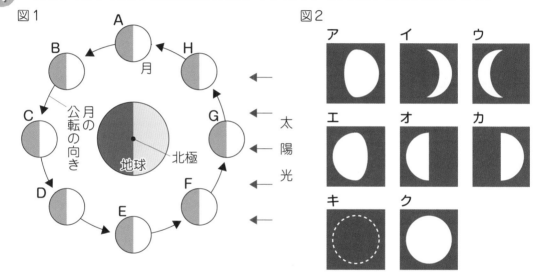

図1

図2

(1) 図1のA～Hの位置にある月を地球から見ると，どのような形に見えますか。
南中のときのようすをそれぞれ図2のア～クから選びましょう。

A (　　　　)　　　B (　　　　)　　　C (　　　　)　　　D (　　　　)
E (　　　　)　　　F (　　　　)　　　G (　　　　)　　　H (　　　　)

(2) 毎日同じ時刻に月を観測しました。月の見える位置は西から東，東から西の
どちらの向きに動いていきますか。　　　　　　　　(　　　　　　　　)

(3) 新月から次の新月まで，約何日かかりますか。　　(　　　　　　　　)

□月は地球のまわりを公転している。
□太陽・地球・月の位置関係によって月の形が変化して見える。

43 太陽をかくす月

日食と月食

> ときどき日食や月食という話題が世間をにぎわすことがありますね。太陽や月は何に食べられているのでしょうか。

パクリ

1 日食はどのように起こるの？

太陽，月，地球の順に一直線上に並び，太陽が月にかくされる現象を日食（にっしょく）といいます。日食は，新月のときに起こります。

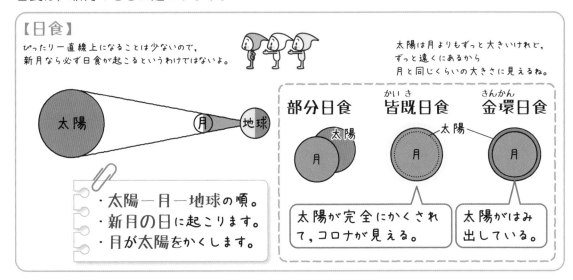

【日食】

ぴったり一直線上になることは少ないので，新月なら必ず日食が起こるというわけではないよ。

太陽は月よりもずっと大きいけれど，ずっと遠くにあるから月と同じくらいの大きさに見えるね。

太陽　月　地球

部分日食　皆既日食（かいき）　金環日食（きんかん）

月　太陽　太陽　月　太陽　月

・太陽―月―地球の順。
・新月の日に起こります。
・月が太陽をかくします。

太陽が完全にかくされて，コロナが見える。

太陽がはみ出している。

2 月食はどのように起こるの？

太陽，地球，月の順に一直線上に並び，月が地球の影（かげ）に入る現象を月食（げっしょく）といいます。月食は，満月のときに起こります。

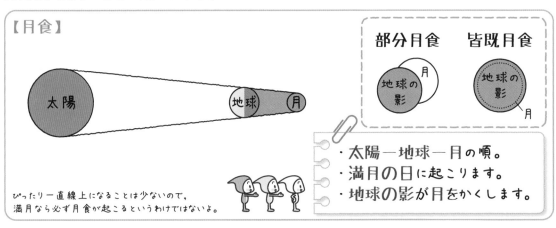

【月食】

部分月食　皆既月食

地球の影　月　地球の影　月

太陽　地球　月

・太陽―地球―月の順。
・満月の日に起こります。
・地球の影が月をかくします。

ぴったり一直線上になることは少ないので，満月なら必ず月食が起こるというわけではないよ。

→太陽を食べていたのは月で，月を食べていたのは地球の影だね。ということは…地球の影が最強？？

覚えておきたい用語

□①太陽・月・地球の順に並び，太陽が月にかくされる現象。

□②太陽・地球・月の順に並び，月が地球の影に入る現象。

練習問題

1 日食と月食について，次の問いに答えましょう。

(1) 次の**ア〜コ**から，日食にあてはまるものをすべて選びましょう。

(　　　　　　　　　　　　　)

ア この現象が起こるのは，新月の日である。
イ この現象が起こるのは，満月の日である。
ウ この現象が起こるのは，半月の日である。
エ 地球・太陽・月の順に一直線上に並んだときに起こる。
オ 太陽・月・地球の順に一直線上に並んだときに起こる。
カ 太陽・地球・月の順に一直線上に並んだときに起こる。
キ 月が太陽をかくす。　　　　　**ク** 太陽が月をかくす。
ケ 地球の影が月をかくす。　　　**コ** 地球の影が太陽をかくす。

(2) (1)の**ア〜コ**から，月食にあてはまるものをすべて選びましょう。

(　　　　　　　　　　　　　)

(3) 太陽全体がかくされ，コロナが観測できるような日食を何といいますか。

(　　　　　　　　　　　　　)

まとめ □日食は，太陽─月─地球の順に一直線上に並ぶときに起こる。
□月食は，太陽─地球─月の順に一直線上に並ぶときに起こる。

44 地球のなかまの天体

太陽系の天体

曜日の名前の由来にもなっている天体たち。これらの身近な天体と地球は，なかまといえる天体なのでしょうか。

1 地球のなかまの天体って？

太陽を中心とした天体の集まりを**太陽系**といいます。太陽系には，太陽のまわりを公転している**惑星**が8つあります。

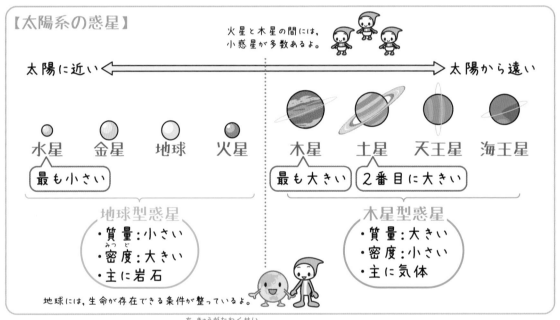

【太陽系の惑星】

火星と木星の間には，小惑星が多数あるよ。

太陽に近い ←———————→ 太陽から遠い

水星　金星　地球　火星　　木星　土星　天王星　海王星

最も小さい

最も大きい　2番目に大きい

地球型惑星
・質量：小さい
・密度：大きい
・主に岩石

地球には，生命が存在できる条件が整っているよ。

木星型惑星
・質量：大きい
・密度：小さい
・主に気体

水星，金星，地球，火星は，**地球型惑星**とよばれ，主に岩石でできています。一方，木星，土星，天王星，海王星は，**木星型惑星**とよばれ，主に気体でできています。

2 太陽系にある，惑星以外の天体って？

惑星のまわりを公転している天体を**衛星**といいます。月は地球の衛星です。

火星と木星の間には，太陽のまわりを公転する**小惑星**がたくさんあります。小惑星は，小さく，不規則な形をしています。

さらに，海王星よりも外側を公転するめい王星などの**太陽系外縁天体**や，細長いだ円の形に太陽のまわりを回る**すい星**なども太陽系をつくる天体です。

→すい星が太陽に近づくと，尾を引いて，ほうきのように見えることがあるよ。

➡答えは別冊 p.14

覚 えておきたい用語

□①太陽を中心とした天体の集まり。

□②地球など，太陽のまわりを公転する８つの天体。

□③惑星のまわりを公転する天体。

1　太陽系の天体について，次の問いに答えましょう。

(1)　太陽系の惑星の中で，太陽に最も近い惑星の名前は何ですか。

（　　　　　　　）

(2)　太陽系の惑星の中で，最も大きい惑星，２番目に大きい惑星の名前はそれぞれ何ですか。

最も大きい惑星（　　　　　　　）
２番目に大きい惑星（　　　　　　　）

(3)　水星，金星，地球，火星の４つの惑星をまとめて何といいますか。

（　　　　　　　）

(4)　木星，土星，天王星，海王星の４つの惑星をまとめて何といいますか。

（　　　　　　　）

(5)　火星と木星の間にたくさんある，小さな天体を何といいますか。

（　　　　　　　）

(6)　めい王星などの，海王星の外側を公転する天体を何といいますか。

（　　　　　　　）

まとめ　□太陽系には，８つの惑星がある。
□太陽系は，衛星や小惑星などもふくむ，多くの天体からなる。

㊺ 金星の見え方

> 明けの明星，よいの明星を知っていますか。どちらもかがやく金星のことを表します。真夜中の明星もあるのでしょうか。

⭐ 金星はいつ，どのように見えるの？

金星は太陽からの光を反射してかがやいています。太陽・金星・地球の位置関係によってかがやいている部分の見え方が変化するので，金星の形が変化して見えます。

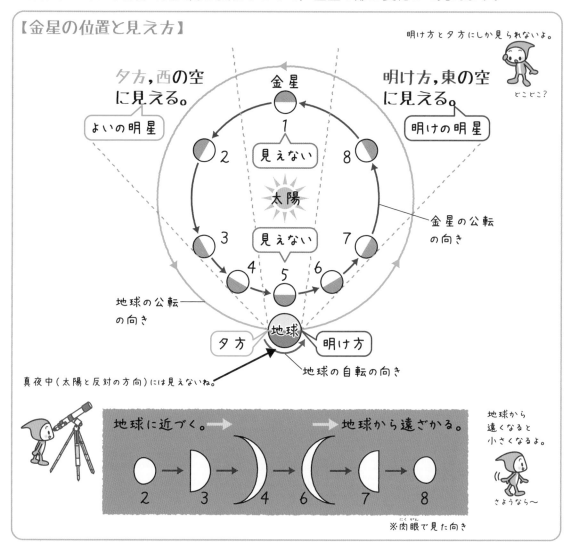

【金星の位置と見え方】

明け方と夕方にしか見られないよ。

夕方，西の空に見える。
よいの明星

明け方，東の空に見える。
明けの明星

どこどこ？

金星
1 見えない
2
8
太陽
3 見えない
7
4 5 6

金星の公転の向き

地球の公転の向き

地球

夕方 明け方

真夜中（太陽と反対の方向）には見えないね。

地球の自転の向き

地球に近づく。 → → 地球から遠ざかる。

2 → 3 → 4) 6 (7 → 8

※肉眼で見た向き

地球から遠くなると小さくなるよ。

さようなら～

金星の見える大きさは，地球からの距離によって変化します。また，金星は地球よりも内側を公転しているので，真夜中には見ることができません。

→金星は太陽の近くを回っているから，いつも太陽の近くに見えるんだ。太陽と反対の方向に見えることはないよ。

覚 えておきたいこと

□①金星が明け方に見える方位。

□②金星が夕方に見える方位。

練習問題

1 図は，太陽，金星，地球の位置関係を表しています。地球から見た金星について，次の問いに答えましょう。

(1) 金星の公転の向きは，**ア**，**イ**のどちらですか。（　　）

(2) 明け方に見ることができるのは，金星が**A**～**H**のどの位置にあるときですか。すべて選びましょう。
（　　　　　　　）

(3) 夕方に見ることができるのは，金星が**A**～**H**のどの位置にあるときですか。すべて選びましょう。（　　　　　　　）

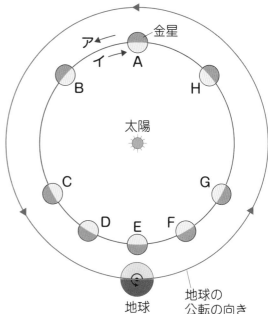

(4) 真夜中に金星は見られますか。（　　　　　　　　　　　）

(5) **B**と**D**では，どちらの金星が大きく見えますか。（　　　　　）

(6) **F**と**H**では，どちらの金星が大きく欠けて見えますか。（　　　　　）

 **まとめ**
　　□金星が地球に近づくと，大きくて細い形に見える。
　　□金星は真夜中に見ることができない。

46 広い宇宙

> 宇宙はとても広いとききますね。広い太陽系の外側にもずっと
> ずっと宇宙は広がっているのでしょうか。

⭐ 宇宙はどのようになっているの？

太陽系の外側には，星座の星のような，明るさや色のちがう恒星がたくさん存在しています。

地球から見えるこれらの星の明るさは，1等星，2等星などの等級で表します。6等星までの恒星は，肉眼で見られます。

太陽系をふくむたくさんの恒星の集団を銀河系といいます。銀河系には，恒星の集団である星団や，ガスのかたまりである星雲もふくまれます。

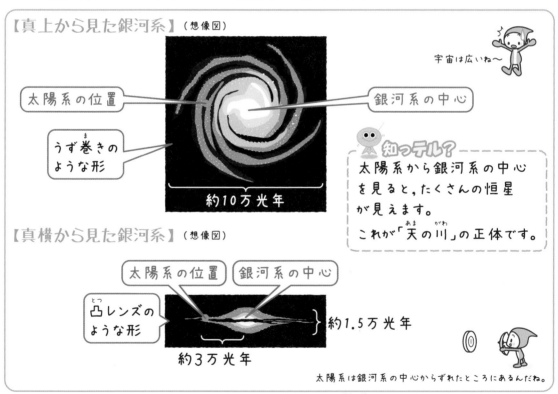

【真上から見た銀河系】（想像図）

太陽系の位置

銀河系の中心

うず巻きのような形

約10万光年

宇宙は広いね〜

知ッテル？
太陽系から銀河系の中心を見ると，たくさんの恒星が見えます。
これが「天の川」の正体です。

【真横から見た銀河系】（想像図）

太陽系の位置　銀河系の中心

凸レンズのような形

約1.5万光年

約3万光年

太陽系は銀河系の中心からずれたところにあるんだね。

銀河系のような，数億〜数千億個もの恒星の集団を銀河といいます。宇宙には銀河が数多く存在しています。

→私たちからみたらとても大きな太陽系も，宇宙全体からみるととってもとっても小さいんだよ。

覚 えておきたい用語

□①太陽系をふくむたくさんの恒星の集団。

□②銀河系のような，数億～数千億個の恒星の集団。

1 太陽系の外側にある天体について，次の問いに答えましょう。

図1　真上から見たところ

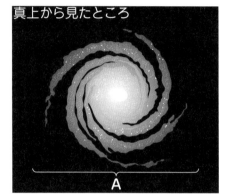

A

図2

真横から見たところ

B

(1) 太陽系がふくまれている恒星の集団を何といいますか。

（　　　　　　）

(2) 図1は(1)を真上から見たようす，図2は真横から見たようすの想像図です。
A，Bの幅はそれぞれどのくらいですか。次の**ア～エ**から選びましょう。

A（　　　　）　　　B（　　　　）

ア 1.5万光年　　　**イ** 3万光年　　　**ウ** 5万光年　　　**エ** 10万光年

(3) 太陽系と(1)の中心は，どのくらい離れていますか。(2)の**ア～エ**から選びましょう。

（　　　　　　）

(4) (1)のような，たくさんの恒星の集団を何といいますか。　（　　　　　　）

□太陽系は，銀河系という恒星の集団にふくまれている。
□宇宙には，銀河系以外にも数多くの銀河が存在している。

まとめのテスト

勉強した日	得点
月　　日	／100点

➡答えは別冊 p.15

1 図は，日本のある地点で，ある日の太陽の動きを透明半球に記録したものです。次の問いに答えなさい。　6点×3（18点）

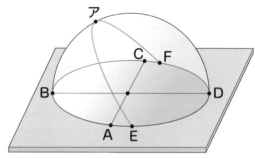

(1) 図で，日の出の位置を表しているのはどこですか。A〜Fから選びなさい。

（　　　　）

(2) 図のアは，この日，太陽が最も高くなったときの位置です。太陽がアの位置を通ることを何といいますか。

（　　　　）

(3) (2)のときの太陽の高度のことを何といいますか。　（　　　　）

2 日本のある地点で，星を観測しました。次の問いに答えなさい。　5点×6（30点）

図1

図2

(1) 図1で，南の空に見えた星Aを2時間後に観測すると，ア，イのどちらの位置に見えますか。　（　　　　）

(2) (1)のように星が動いて見える原因となる地球の運動を何といいますか。

（　　　　）

(3) 図2で，北の空に見えた星Bを2時間後に観測すると，ウ，エのどちらの位置に見えますか。　（　　　　）

(4) 図2で，北の空の星は，Cを中心に回転して見えました。C付近にある星は何ですか。

（　　　　）

(5) 図1で南の空に見えた星**A**を，1か月後の同じ時刻に同じ場所で観測しました。星の位置は，**ア**，**イ**のどちらに移動して見えますか。（　　　　　）

(6) (5)のように星が動いて見える原因となる地球の運動を何といいますか。
（　　　　　）

３ 図1は太陽のまわりを回る地球を，図2は日本のある地点の春分・夏至・秋分・冬至の日の太陽の動きを表したものです。次の問いに答えなさい。 7点×4(28点)

(1) 図1で，地球が太陽のまわりを回る向きは，**ア**，**イ**のどちらですか。
（　　　　　）

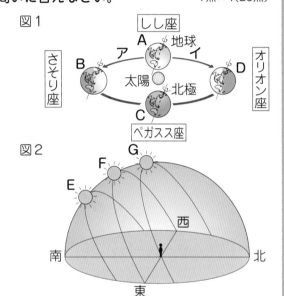

図1

(2) 春分の日の地球の位置を表しているのは，図1の**A**〜**D**のどれですか。
（　　　　　）

(3) 地球が図1の**B**の位置にあるときの太陽の動きを表しているのは，図2の**E**〜**G**のどれですか。（　　　　　）

(4) 地球が図1の**C**の位置にあるとき，真夜中に南の空に見える星座は何ですか。図1の4つの星座から選びなさい。
（　　　　　）

４ 太陽系の天体について，次の問いに答えなさい。 6点×4(24点)

(1) 太陽，地球，月の順で一直線上に並んだときに起こる現象は，日食ですか，月食ですか。
（　　　　　）

(2) 太陽の表面で，周囲よりも温度が低い部分を何といいますか。
（　　　　　）

(3) 地球のすぐ内側を公転していて，地球から見ると月のように満ち欠けをする惑星は何ですか。
（　　　　　）

(4) 太陽系をふくむたくさんの恒星の集団で，うず巻きのような形をしたものを何といいますか。
（　　　　　）

特集 太陽について調べよう！

日周運動の調べ方

〈透明半球を準備しよう〉

①紙に透明半球と同じ大きさの円をかき，中心に×印をつけます。

②透明半球を固定し，方位を合わせます。

日当たりのいい，水平な場所に置くよ。

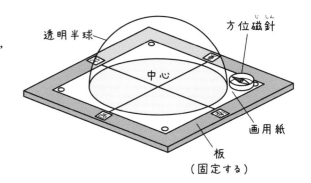

透明半球
方位磁針
中心
画用紙
板
（固定する）

〈太陽の動きを記録しよう〉

一定の時間ごとに記録しよう。

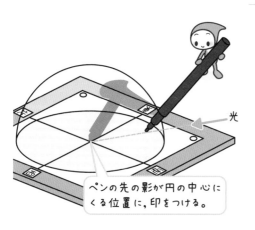

光

ペンの先の影が円の中心にくる位置に，印をつける。

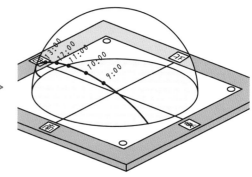

13:00
12:00
17:00
11:00
10:00
9:00

記録した点をなめらかな曲線で結びます。

黒点の調べ方

太陽の表面に見られる，黒い斑点を黒点といいます。

〈天体望遠鏡を準備しよう〉

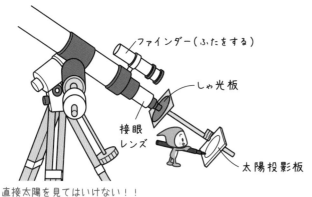

ファインダー（ふたをする）
しゃ光板
接眼レンズ
太陽投影板

直接太陽を見てはいけない！！
目をいためてしまうよ。

〈黒点の位置を記録しよう〉

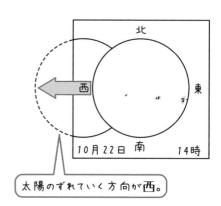

北
西
東
10月22日 南 14時

太陽のずれていく方向が西。

自然と人間

5

この章では,
生物どうしの関係や
人間と科学技術とのかかわりなど
について学習します。

47 食べる・食べられるの関係

食物連鎖

> 野生の生物には天敵がいますね。天敵につかまると，食べられてしまいます。その天敵を食べてしまう生物はいるのでしょうか。

★ 生物を食べる生物って？

　ある場所にすむ生物とその環境を1つのまとまりとしてみたものを生態系といいます。生態系の中で，生物は食べる・食べられるの関係（食物連鎖）でつながっています。

　植物のように，光合成をして自分で有機物をつくり出している生物を生産者，動物のように，ほかの生物を食べて有機物をとり入れている生物を消費者といいます。

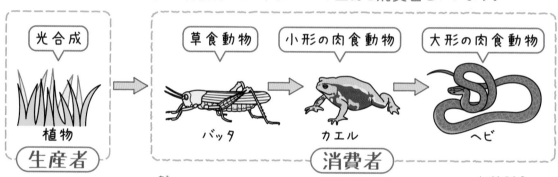

光合成	草食動物	小形の肉食動物	大形の肉食動物
植物	バッタ	カエル	ヘビ
生産者	消費者		

　実際には，食物連鎖は網の目のように複雑にからみ合っています。これを食物網といいます。生態系の中で，生産者や消費者の数量関係はほぼ一定に保たれています。

【数量関係のつり合いが保たれる例】

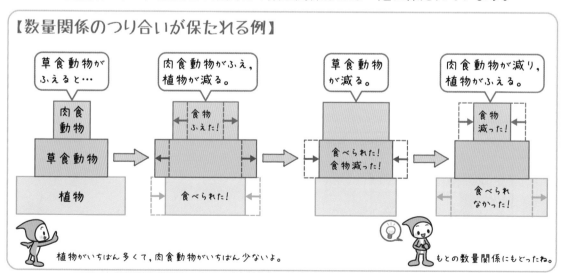

植物がいちばん多くて，肉食動物がいちばん少ないよ。

もとの数量関係にもどったね。

　しかし，自然災害や人間の活動によって，もとの状態にもどらなくなることがあります。

→食物連鎖は，陸上だけでなく水中や土の中にもあるよ。自然界のすべての生物が食物連鎖でつながっているんだ。

覚えておきたい用語

□①生物どうしの食べる・食べられるの関係。

□②自分で有機物をつくり出している生物。

□③ほかの生物を食べて有機物をとり入れる生物。

練習問題

1 図はある生態系の植物，草食動物，肉食動物の数量関係を表したピラミッドです。次の問いに答えましょう。

(1) 図の生物A～Cは，それぞれ生産者ですか，消費者ですか。

A（　　　　　　）
B（　　　　　　）
C（　　　　　　）

```
┌──────────┐
│  生物A    │
├──────────────┤
│   生物B       │
├──────────────────┤
│    生物C           │
└──────────────────┘
```

(2) 何らかの原因で，生物Bが一時的にふえました。この直後，生物Aと生物Cの数量はどのようになりますか。次のア～ウから選びましょう。

A（　　　　　）　　　C（　　　　　）

ア　ふえる。　　　　イ　減る。　　　　ウ　変わらない。

(3) (2)の後，しばらくすると生物の数量の変化が落ち着きました。このとき，生物A～Cの数量はどのようになっていますか。次のア～ウから選びましょう。

A（　　　　　）　　　B（　　　　　）　　　C（　　　　　）

ア　ふえている。　　　イ　減っている。　　　ウ　もとにもどっている。

まとめ
□生物どうしの食べる・食べられるの関係を食物連鎖という。
□生産者：有機物をつくる　　消費者：ほかの生物を食べる

48 地球上をめぐる炭素

百獣（ひゃくじゅう）の王，ライオンは天敵がいなさそうですね。このような動物でも，ほかの生物に食べられるのでしょうか。

1 食べられなかった生物はどうなるの？

生態系の中で，生物の死がいやふんなどから有機物をとり入れる生物がいます。これらの生物は**分解者**とよばれ，とり入れた有機物を無機物に分解しています。

土の中の小動物や**微生物**（びせいぶつ）が分解者としてはたらいています。微生物には，カビやキノコなどの**菌類**（きんるい），乳酸菌（にゅうさんきん）や大腸菌（だいちょうきん）などの**細菌類**（さいきんるい）がふくまれています。

→食べられなかった動物も，ふんや死がいは分解者によって分解されていたんだ。これで次の生物につながるね。

2 生物の間で，何がどのように循環しているの？

生産者，消費者，分解者は有機物を通してつながっています。有機物にふくまれている炭素は，生物の間だけでなく，二酸化炭素として大気中も循環（じゅんかん）しています。

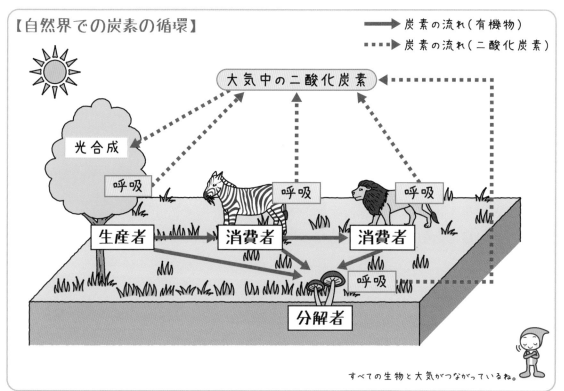

【自然界での炭素の循環】

⟶ 炭素の流れ（有機物）
┅┅▶ 炭素の流れ（二酸化炭素）

大気中の二酸化炭素

光合成
呼吸
呼吸
呼吸
呼吸

生産者 → 消費者 → 消費者

分解者

すべての生物と大気がつながっているね。

→生態系の中で，すべての生物の活動と周囲の環境は，おたがいに影響をおよぼし合っているんだ。

覚 えておきたい用語

□①生物の死がいやふんなどから有機物をとり入れ，無機物に分解する生物。

□②有機物や二酸化炭素として，循環している物質。

練習問題

1 次の図は，炭素の流れを表したものです。次の問いに答えましょう。

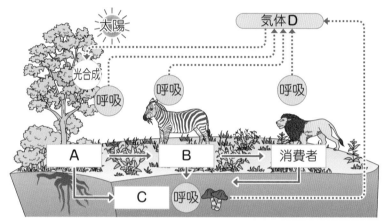

(1) 図のA～Cにあてはまる言葉を，下の〔 〕から選んで答えましょう。

A（　　　　　　）　　B（　　　　　　）　　C（　　　　　　）

〔　　消費者　　　　生産者　　　　分解者　　〕

(2) 図のDにあてはまる気体は何ですか。　　（　　　　　　　　　）

(3) 図のCにあてはまる生物としてふさわしいものを，次のア～オからすべて選びましょう。　　　　　　　　　　（　　　　　　　　　）

ア　植物　　イ　草食動物　　ウ　細菌類　　エ　菌類　　オ　肉食動物

□生物の死がいなどから有機物を得る生物を分解者という。
□炭素は有機物や二酸化炭素として自然界を循環している。

49 いろいろな発電

エネルギー資源

私たちは，いろいろな場面で電気を利用していますね。この電気エネルギーはどのようにつくっているのでしょうか。

⭐ 電気のつくり方は？

電気エネルギーは，水力発電，火力発電，原子力発電などから得ることができます。

【発電方法】

水力発電

位置エネルギー		運動エネルギー	
ダムの水	水車		発電機

火力発電

化学エネルギー	熱エネルギー	運動エネルギー	
化石燃料	ボイラー	タービン	発電機

原子力発電

核エネルギー	熱エネルギー	運動エネルギー	
核燃料	原子炉	タービン	発電機

電気エネルギー

【問題点】

水力発電
- ダムの建設場所に限りがある。
- ダムをつくると環境に影響を与える。

火力発電
- 化石燃料(石油や石炭など)の量に限りがある。
- 地球温暖化の原因となる二酸化炭素を大量に排出。

原子力発電
- 使用済み核燃料の管理が難しい。
- 核燃料から放射線が発生する。

環境への影響を配慮した，新しい発電方法の開発も進められています。

太陽のエネルギーを電気に。

風のエネルギーを電気に。

地熱発電
マグマの熱エネルギーを電気に。

バイオマス発電
農林業で出た木片などを利用して発電。

太陽光発電　　　風力発電

→いろいろなエネルギーが電気エネルギーに変換されているね。資源や環境を守るためにも，電気は大切に使おう。

覚 えておきたい用語

□①ダムの水の位置エネルギーを利用した発電方法。

□②化石燃料の化学エネルギーを利用した発電方法。

□③核燃料の核エネルギーを利用した発電方法。

練習問題

1 いろいろな発電方法について，次の問いに答えましょう。

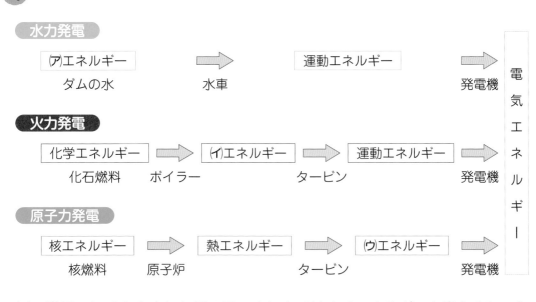

水力発電

(ア)エネルギー　→　運動エネルギー　→
ダムの水　　　　水車　　　　　　　　　　　発電機

火力発電

化学エネルギー　→　(イ)エネルギー　→　運動エネルギー　→
化石燃料　　ボイラー　　　　タービン　　　　　　発電機

原子力発電

核エネルギー　→　熱エネルギー　→　(ウ)エネルギー　→
核燃料　　原子炉　　　　　タービン　　　　　発電機

電気エネルギー

(1) 発電のしくみを表した図のア～ウにあてはまるエネルギーを書きましょう。
ア（　　　　）　イ（　　　　）　ウ（　　　　）

(2) 原子力発電で問題点としてあげられる，核燃料から発生するものは何ですか。
（　　　　　）

(3) 火力発電で利用される，石炭や石油などの燃料のことをまとめて何といいますか。
（　　　　　）

 まとめ
□水力発電，火力発電，原子力発電などによって電気エネルギーを得ることができる。

まとめのテスト

勉強した日	得点
月　　日	／100点

➡答えは別冊 p.16

1 生物どうしの，食べる・食べられるの関係について，次の問いに答えなさい。

7点×7（49点）

図1

A  B  C

(1) ある場所にすむ生物とその環境を1つまとまりとしてみたものを何といいますか。

（　　　　　　　　）

(2) 生物どうしが食べる・食べられるの関係でつながっていることを何といいますか。

（　　　　　　　　）

(3) (2)のつながりの中で，図1のAのように光を受けて有機物をつくり出している生物のことを何といいますか。（　　　　　　　　）

(4) (2)のつながりの中で，図1のBやCのようにほかの生物を食べて有機物をとり入れている生物のことを何といいますか。（　　　　　　　　）

(5) 図2は，図1のA～Cの生物の数量関係を表したピラミッドです。あるとき，Bの生物が一時的にふえました。この直後，AとCの生物の数量はそれぞれふえますか。減りますか。

図2

A（　　　　　　　　）
C（　　　　　　　　）

| C |
| B |
| A |

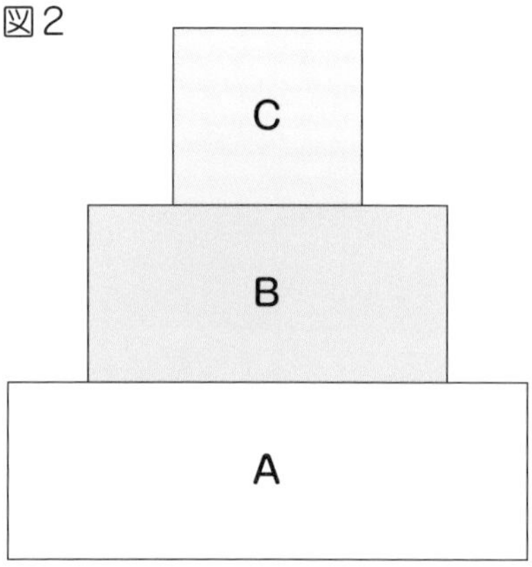

(6) (5)の後，しばらくするとどうなりますか。次のア，イから選びなさい。（　　　　　　　　）

ア　生物の数量の変化が落ち着き，もとのつり合いとはちがう状態になっている。

イ　生物の数量の変化が落ち着き，もとのつり合いの状態にもどっている。

2 次の図は，炭素の流れを表したものです。次の問いに答えなさい。

(1) Aのような生物を何といいますか。 (   )

(2) (1)にあてはまる生物を，次のア～カからすべて選びなさい。 (   )

ア キノコ　**イ** カビ　**ウ** バッタ　**エ** イネ　**オ** ミミズ　**カ** ヘビ

(3) Bにあてはまる気体は何ですか。 (   )

3 次の図は，水力発電，火力発電，原子力発電でのエネルギーの移り変わりを示したものです。次の問いに答えなさい。

(1) 図の**ア**～**ウ**にあてはまるエネルギーをそれぞれ答えなさい。

ア (   ) **イ** (   ) **ウ** (   )

(2) **A**～**C**の発電はそれぞれ何発電ですか。

A (発電) **B** (発電) **C** (発電)

特集 # 自然環境を調べよう！

空気のよごれ

空気がよごれていると，気孔にもよごれがたまります。

〈マツの葉を観察しよう〉

マツの葉
スライドガラス
対物レンズ
光
10
スライドガラス

ななめ上から
光を当てる。

〈気孔のようす（例）〉

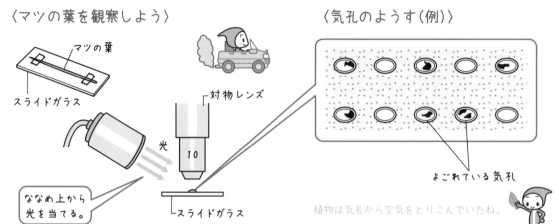

よごれている気孔

植物は気孔から空気をとりこんでいたね。

水のよごれ

水のよごれぐあいによって，生息している生物にちがいがあります。

きれいな水	ややきれいな水	きたない水	とてもきたない水
サワガニ	カワニナ類	タニシ類	アメリカザリガニ
ナミウズムシ	ゲンジボタル	ミズカマキリ	ユスリカ類
カワゲラ類	ヤマトシジミ	シマイシビル	サカマキガイ
ヘビトンボ・ブユ類・ヒラタカゲロウ類	イシマキガイ・コガタシマトビケラ類	イソコツブムシ類・ミズムシ	チョウバエ類・エラミミズ

生物の種類と個体数を調べれば，水のよごれぐあいがわかるね。

これで3年の内容は終わりだよ！
「わかる」にかわったかな？

改訂版

わからないを
わかるにかえる

中3理科

解 答 と 解 説

文理

① 電流が流れる水溶液

→本冊 p.7

覚 えておきたい用語

☐①水にとかしたときに電流が流れる物質。 | 電解質

☐②水にとかしても電流が流れない物質。 | 非電解質

練習問題

❶ 水溶液と電流について，次の問いに答えましょう。

(1) 水にとかしたときに電流が流れる物質を，次のア〜キからすべて選びましょう。 （ ア，イ，エ，キ ）

ア 塩化ナトリウム　　イ 水酸化ナトリウム　　ウ エタノール
エ 塩化水素　　オ 砂糖　　カ 精製水　　キ 塩化銅
ア，イ，エ，キの物質そのものは，電流が流れない。

(2) 水にとかすと電流が流れる物質を何といいますか。（ 電解質 ）
(1)のア，イ，エ，キは電解質。

(3) 水にとかしても電流が流れない物質を何といいますか。
（ 非電解質 ）
(1)のウ，オは非電解質。

(4) 図のようにして，水溶液に電流が流れるかどうかを調べました。調べる水溶液をかえるときの注意として正しいものを，次のア〜ウから選びましょう。
（ イ ）

ア 電極を調べた水溶液でよく洗う。
イ 電極を精製水でよく洗う。
ウ 電極を洗ってはいけない。
水溶液が混ざらないようにする。

② 水溶液の分解

→本冊 p.9

覚 えておきたい用語

☐①水溶液に電流を流して物質を分解すること。 | 電気分解

☐②塩化銅水溶液に電流を流したときに発生する気体。 | 塩素

☐③塩化銅水溶液に電流を流したときに電極につく赤色の固体。
| 銅

練習問題

❶ 塩化銅水溶液に電流を流しました。次の問いに答えましょう。

(1) 陽極は，図のア，イのどちらですか。 （ イ ）
電源の＋極につないだ電極。

(2) 気体が発生したのは，図のア，イのどちらの電極ですか。
（ イ ）
陽極付近。

(3) (2)で発生した気体は何ですか。
（ 塩素 ）
漂白作用がある。

(4) 固体がついたのは，図のア，イのどちらの電極ですか。 （ ア ）
陰極の表面に赤色の銅がつく。

(5) (4)で出てきた固体は何ですか。 （ 銅 ）
こすると金属光沢が見られる。

(6) 塩化銅水溶液の電気分解を化学反応式で表しましょう。
（ $CuCl_2$ → Cu ＋ Cl_2 ）
塩化銅──→銅＋塩素

③ 物質をつくっているもの

→本冊 p.11

覚 えておきたい用語

☐①原子の中心にあるもの。＋の電気をもつ。 | 原子核

☐②原子核を構成する，＋の電気をもつもの。 | 陽子

☐③原子核を構成する，電気をもたないもの。 | 中性子

☐④原子核のまわりにある，－の電気をもつもの。 | 電子

練習問題

❶ 図は，ヘリウム原子のつくりを表しています。次の問いに答えましょう。

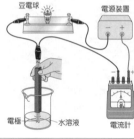

(1) 図のA，Bをそれぞれ何といいますか。
A（ 電子 ）
B（ 原子核 ）
電子は－の電気をもつ。

(2) BはCとDでできています。それぞれ何といいますか。
C（ 陽子 ）
D（ 中性子 ）
陽子は＋の電気をもつ。

(3) 原子全体をみたとき，AとCの数はどのような関係になっていますか。次のア〜ウから選びましょう。 （ ウ ）

ア Aのほうが多い。　　イ Cのほうが多い。　　ウ 同じ数である。
電子と陽子の数は等しい。

(4) 原子全体でみると，どのような電気を帯びていますか。次のア〜ウから選びましょう。 （ ウ ）

ア ＋の電気　　イ －の電気　　ウ 電気を帯びていない。
電子のもつ－の電気と陽子のもつ＋の電気が同じ量。

④ 原子とイオン

→本冊 p.13

覚 えておきたい用語

☐①原子が電子を失ってできたもの。 | 陽イオン

☐②原子が電子を受けとってできたもの。 | 陰イオン

練習問題

❶ イオンについて，次の問いに答えましょう。

(1) ナトリウムイオンを説明したものとして正しいものを，次のア〜カから3つ選びましょう。 （ イ，ウ，オ ）

ア 原子が電子を受けとってできた　　イ 原子が電子を失ってできた
ウ ＋の電気を帯びている　　エ －の電気を帯びている
オ 陽イオン　　カ 陰イオン
原子が電子を失うと，＋の電気を帯びた陽イオンになる。

(2) 塩化物イオンを説明したものとして正しいものを，(1)のア〜カから3つ選びましょう。 （ ア，エ，カ ）
原子が電子を受けとると，－の電気を帯びた陰イオンになる。

(3) 次のイオンを化学式で表しましょう。
① ナトリウムイオン （ Na^+ ）
陽イオン。
② 塩化物イオン （ Cl^- ）
陰イオン。
③ 水酸化物イオン （ OH^- ）
陰イオン。
④ 水素イオン （ H^+ ）
陽イオン。
⑤ 亜鉛イオン （ Zn^{2+} ）
陽イオン。

5 水にとけた食塩のようす

→本冊 p.15

えておきたい用語

①電解質が水にとけて，陽イオンと陰イオンに分かれること。

> **電離**

②塩化ナトリウムが電離したときの陽イオン。

> **ナトリウムイオン**

③塩化水素が電離したときの陰イオン。

> **塩化物イオン**

習問題

水溶液中での電解質のようすについて，次の問いに答えましょう。

塩化銅の電離のようすを正しく表したものはどれですか。次のア～エから選びましょう。　（　**エ**　）

ア　イ　ウ　エ

銅イオンCu^{2+}と塩化物イオンCl^- 2個に電離する。

次の電解質について，電離のようすを化学式や矢印を使って正しく表しましょう。

① 塩化ナトリウム　（　$NaCl \longrightarrow Na^+ + Cl^-$　）
塩化ナトリウム→ナトリウムイオン＋塩化物イオン

② 塩化水素　（　$HCl \longrightarrow H^+ + Cl^-$　）
塩化水素→水素イオン＋塩化物イオン

③ 塩化銅　（　$CuCl_2 \longrightarrow Cu^{2+} + 2Cl^-$　）
塩化銅→銅イオン＋塩化物イオン

実習のページ イオンへのなりやすさ

→本冊 p.16

練習問題 1　実験①について，次の問いに答えましょう。

(1) 亜鉛片を硫酸銅水溶液に入れると，亜鉛片に固体がつきました。この固体は何ですか。　（　**銅**　）

ポイント

硫酸銅水溶液中の銅イオンが銅になった。

練習問題 2　実験②について，次の問いに答えましょう。

(1) 実験①の結果と実験②から，銅，亜鉛，マグネシウムをイオンになりやすい順に並べましょう。

（　**マグネシウム → 亜鉛 → 銅**　）

ポイント

亜鉛とマグネシウムの組み合わせ→マグネシウムがイオン（Mg^{2+}）に，亜鉛イオンが亜鉛原子（Zn）になっているので，マグネシウムのほうがイオンになりやすい。

---

6 電池のしくみ

→本冊 p.19

えておきたい用語

①物質のもつ化学エネルギーを化学変化を利用して電気エネルギーに変換する装置。

> **電池（化学電池）**

②亜鉛板，銅板，硫酸亜鉛水溶液，硫酸銅水溶液，セロハンを用いた電池。

> **ダニエル電池**

習問題

図のように，硫酸亜鉛水溶液，硫酸銅水溶液，金属板A，Bを用いてダニエル電池をつくりました。次の問いに答えましょう。

物質の化学変化を利用して電気エネルギーをとり出す装置のことを何といいますか。（**電池（化学電池）**）

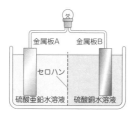

図の金属板の組み合わせとしてよいのはどれですか。次のア～エから選びましょう。　（　**ウ**　）

ア　A：亜鉛　B：亜鉛　イ　A：銅　B：銅
ウ　A：亜鉛　B：銅　エ　A：銅　B：亜鉛
銅板は赤色。

図のセロハンはどのような役割をしていますか。次のア，イから選びましょう。
（　**イ**　）

ア　2種類の水溶液を混ざりやすくする。

イ　2種類の水溶液がすぐに混ざらないようにする。
小さな穴を必要なイオンだけが通過する。

---

7 水溶液と電池

→本冊 p.21

覚 えておきたい用語

□①電池で，－極から＋極に向かって移動するもの。

> **電子**

□②ダニエル電池をつくったとき，＋極につく固体。

> **銅**

練習問題

図のダニエル電池に電流を流します。次の問いに答えましょう。

(1) 図で，電子を失って陽イオンになるのは，亜鉛板と銅板のどちらですか。
（　**亜鉛板**　）
－極で電子を失う。

(2) (1)でできる陽イオンを化学式で表しましょう。
（　Zn^{2+}　）
亜鉛イオン。

(3) 図で，水溶液中の陽イオンが電子を受けとって原子になるのは，亜鉛板と銅板のどちらですか。
（　**銅板**　）
＋極で電子を受けとる。

(4) (3)で金属板につく固体は何ですか。　（　**銅**　）
銅イオンが電子を受けとる。

(5) 図で，電子の移動する向き，電流の流れる向きはそれぞれア，イのどちらですか。

電子（　**イ**　）
電流（　**ア**　）

電子の移動する向きと電流の向きは逆。

水溶液の性質 →本冊 p.22

練習問題 1 実験①について，次の問いに答えましょう。

(1) 電流が流れる水溶液を，次のア～ウから選びましょう。 （ **ウ** ）
　ア 酸性の水溶液だけ　　イ アルカリ性の水溶液だけ
　ウ 酸性の水溶液とアルカリ性の水溶液の両方

(2) マグネシウムリボンを入れたとき，気体が発生する水溶液を，(1)のア～ウから選びましょう。 （ **ア** ）

(3) (2)で発生した気体は何ですか。 （ **水素** ）

ポイント
　酸性の水溶液も，アルカリ性の水溶液も電流が流れる。
　マグネシウムリボンを酸性の水溶液に入れると，水素が発生する。

練習問題 2 実験②について，次の問いに答えましょう。

(1) 酸性，アルカリ性の水溶液にBTB溶液を入れると，それぞれ何色に変化しますか。 酸性（ **黄色** ）　アルカリ性（ **青色** ）

(2) 青色リトマス紙を赤色に変えるのは，どの水溶液ですか。次のア～ウからすべて選びましょう。 （ **ア** ）

　ア 酸性の水溶液　　イ 中性の水溶液　　ウ アルカリ性の水溶液

(3) pHが7より大きいのは，どの水溶液ですか。(2)のア～ウからすべて選びましょう。 （ **ウ** ）

(4) フェノールフタレイン溶液を赤色に変えるのは，どの水溶液ですか。(2)のア～ウからすべて選びましょう。 （ **ウ** ）

ポイント
　pH：酸性→7より小さい。アルカリ性→7より大きい。中性→7。

---

8 酸性の水溶液 →本冊 p.2

覚 えておきたい用語
□①酸性の水溶液に共通してふくまれているイオン。 　**水素イオン**

□②水溶液にしたときに電離して，水素イオンを生じる物質。 　**酸**

練習問題

1 図のように，pH試験紙の上にうすい塩酸をつけて，電圧を加えました。の問いに答えましょう。

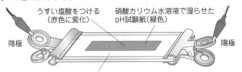

うすい塩酸をつける（赤色に変化）　硝酸カリウム水溶液で湿らせたpH試験紙（緑色）

陰極　　陽極

硝酸カリウム水溶液で湿らせたろ紙

(1) 赤色の部分は，どちら側に移動しますか。次のア～ウから選びましょう。 （ **イ** ）

　ア 陽極側　　　イ 陰極側　　　ウ 陽極側と陰極側
　塩酸中の陽イオンがpH試験紙を赤色にする。

(2) pH試験紙の色を赤色にしたのは，何というイオンですか。化学式で答えしょう。 （ **H⁺** ）
　水素イオン。＋の電気を帯びている。

(3) 水溶液にしたときに電離して，(2)のイオンを生じる物質のことを何といいすか。 （ **酸** ）

(4) 塩酸（塩化水素）が電離しているようすを，化学式を使って表しましょう。
　（ $HCl \longrightarrow H^+ + Cl^-$ ）
　塩化水素→水素イオン＋塩化物イオン

---

9 アルカリ性の水溶液 →本冊 p.27

覚 えておきたい用語
□①アルカリ性の水溶液に共通してふくまれているイオン。 　**水酸化物イオン**

□②水溶液にしたときに電離して，水酸化物イオンを生じる物質。 　**アルカリ**

練習問題

1 図のように，pH試験紙の上にうすい水酸化ナトリウム水溶液をつけて，電圧を加えました。次の問いに答えましょう。

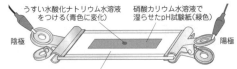

うすい水酸化ナトリウム水溶液をつける（青色に変化）　硝酸カリウム水溶液で湿らせたpH試験紙（緑色）

陰極　　陽極

硝酸カリウム水溶液で湿らせたろ紙

(1) 青色の部分が移動するのは陽極側ですか，陰極側ですか。 　**陽極側**

　水酸化ナトリウム水溶液中の陰イオンがpH試験紙を青色にする。

(2) (1)でpH試験紙の色を青色にしたのは，何というイオンですか。化学式で答えましょう。 （ **OH⁻** ）
　水酸化物イオン。－の電気を帯びている。

(3) 水溶液にしたときに電離して，(2)のイオンを生じる物質のことを何といいすか。 （ **アルカリ** ）

(4) 水酸化ナトリウムが電離しているようすを，化学式を使って表しましょう。
　（ $NaOH \longrightarrow Na^+ + OH^-$ ）
　水酸化ナトリウム→ナトリウムイオン＋水酸化物イオン

---

10 水溶液を混ぜたとき① →本冊 p.2

覚 えておきたい用語
□①酸とアルカリの水溶液を混ぜたときの，たがいの性質を打ち消し合う応。 　**中和**

□②酸の水素イオンとアルカリの水酸化物イオンが結びついてできる物質。 　**水**

練習問題

1 うすい塩酸にうすい水酸化ナトリウム水溶液を加えたときの反応について次の問いに答えましょう。

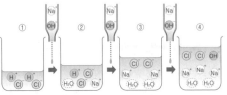

(1) 酸の性質とアルカリの性質を打ち消し合う反応のことを何といいますか。 （ **中和** ）
　H⁺とOH⁻が結びつく反応。

(2) (1)の反応が起こっているのは，次のア～ウのどのときですか。すべて選しょう。 （ **ア，イ** ）

　ア ①→②のとき　　イ ②→③のとき　　ウ ③→④のとき
　③→④では中和が起こっていない。

(3) (1)の反応について，（　）にあてはまる化学式をかきましょう。
　　H⁺ + （ **OH⁻** ） → （ **H₂O** ）
　水素イオン＋水酸化物イオン→水

① 水溶液を混ぜたとき②

→本冊 p.31

①酸の陰イオンとアルカリの陽イオンが結びついてできた物質。

塩

②塩酸に水酸化ナトリウム水溶液を加えてできる塩。

塩化ナトリウム

③硫酸に水酸化バリウム水溶液を加えてできる塩。

硫酸バリウム

練習問題

酸の水溶液とアルカリの水溶液を混ぜ合わせたときのようすについて、次の問いに答えましょう。

(1) 中和が起こると、水とは別の物質もできます。この物質のことをいっぱんに何といいますか。　　　(塩)
中和が起こるとき、水と塩ができる。

(2) (1)の物質は、どのようにしてできますか。次の**ア~エ**から正しいものを選びましょう。　　　　　(ウ)

ア 酸の陽イオンとアルカリの陽イオンが結びついてできる。
イ 酸の陽イオンとアルカリの陰イオンが結びついてできる。
ウ 酸の陰イオンとアルカリの陽イオンが結びついてできる。
エ 酸の陰イオンとアルカリの陰イオンが結びついてできる。
イの組み合わせで水が、ウの組み合わせで塩ができる。

(3) 塩酸と水酸化ナトリウム水溶液の中和のときにできた(1)の物質は、水にとけやすいですか、とけにくいですか。　(とけやすい。)
水にとけて、電離している。

(4) 硫酸と水酸化バリウム水溶液の中和のときにできた(1)の物質は、水にとけやすいですか、とけにくいですか。　(とけにくい。)
硫酸バリウムは白い沈殿になる。

まとめのテスト　1 化学変化とイオン

→本冊 p.32

1 (1)イ，ウ　　(2)電解質

解説 (1) 電解質の水溶液には電流が流れますが，非電解質の水溶液には電流が流れません。

2 (1)①Cu^{2+}　　②Cl^-
(2)陽極…イ　　陰極…ウ

解説 (1) 塩化銅を水にとかすと，銅イオンと塩化物イオンに電離します。

3 (1)ア…中性子　イ…陽子
(2)電子

解説 (1) 原子の中心には電気をもたない中性子と，＋の電気をもつ陽子があります。アとイを合わせたものを原子核といいます。

4 (1)亜鉛板…ア　銅板…エ
(2)銅板　　(3)ア

解説 (2) 亜鉛板が一極，銅板が＋極になります。

5 (1)黄色　　(2)水素イオン　　(3)中和
(4)$H^+ + OH^- \longrightarrow H_2O$
(5)NaCl　　(6)塩

解説 (3)(4) 水素イオンと水酸化物イオンが結びつき，水ができる反応を中和といいます。

---

⑫ 生物が成長するしくみ

→本冊 p.37

①生物の体をつくる、小さな部屋の1つ1つのこと。

細胞

②1つの細胞が2つに分かれること。

細胞分裂

練習問題

生物の細胞と成長について、次の問いに答えましょう。

図1

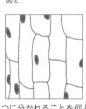

図2

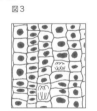

図3

(1) 生物の1つの細胞が2つに分かれることを何といいますか。
(細胞分裂)

(2) 図1は植物の根の先端のようすです。(1)が最もさかんに行われているのは、A~Cのどの部分ですか。　(C)
根の先端の近くで細胞分裂がさかん。

(3) タマネギの根のようすを観察しました。根もとに近い部分を観察したものは図2、図3のどちらですか。　　(図2)
根もとでは細胞が大きくなっている。

(4) 生物の成長について、次の**ア，イ**から正しいものを選びましょう。
(ア)

ア 細胞分裂によって数がふえ、その1つ1つが大きくなる。
イ 細胞分裂によって数がふえるが、その大きさは変わらない。

---

⑬ 新しい細胞のつくり方

→本冊 p.39

□①1つの細胞に1つあり、染色液によく染まるもの。

核

□②細胞分裂のときに見られるひものようなもの。

染色体

□③分裂の前後の染色体の数が同じである細胞分裂。

体細胞分裂

練習問題

1 図は、植物の細胞分裂のようすを表したものです。次の問いに答えましょう。

(1) 図のA~Fの細胞を、細胞分裂の順に並べ、記号を書きましょう。ただし、Aを最初とします。
(A → E → B → F → D → C)

(2) Eの細胞に見られる、ひものようなものを何といいますか。
(染色体)
細胞分裂のときに見える。

A

B

(3) 細胞分裂の前と後で、細胞の核の中の②の数はどのようになっていますか。次の**ア~ウ**から選びましょう。
(ウ)

ア 分裂後は分裂前の2倍になる。
イ 分裂後は分裂前の半分になる。
ウ 分裂の前後で変化しない。
複製されてから2つに分かれるため。

C

D

E

F

(4) (3)のようになる細胞分裂を何といいますか。
(体細胞分裂)
もとの細胞と分裂後の細胞で、核の中の染色体の数が同じ。

⑭ 親とまったく同じ子

→本冊 p.41

覚えておきたい用語

□①生物が新しい個体（子）をつくること。 | 生殖

□②親の体の一部が新しい個体になる生殖。単細胞生物の細胞分裂や植物の栄養生殖など。 | 無性生殖

練習問題

❶ 図1はミカヅキモやアメーバのふえ方，図2はジャガイモのふえ方を表しています。次の問いに答えましょう。

図1
ミカヅキモ
アメーバ

図2 ジャガイモ

(1) ミカヅキモやアメーバのように，体が1つの細胞でできている生物を何といいますか。 （ 単細胞生物 ）

(2) 図1のようにミカヅキモやアメーバがなかまをふやすとき，両親（雌と雄）を必要としていますか。 （ 必要としていない。 ）
体細胞分裂によってなかまをふやす。

(3) 図2のジャガイモなどのように，植物の体の一部から新しい個体をつくるなかまのふやし方のことを何といいますか。 （ 栄養生殖 ）

(4) 図1や図2のように，両親を必要とせず，親の体の一部が新しい個体になる生殖をまとめて何といいますか。 （ 無性生殖 ）
無性生殖には，単細胞生物の細胞分裂や植物の栄養生殖などがある。

⑮ 動物のふえ方

→本冊 p.4

覚えておきたい用語

□①雌と雄がかかわる生殖。 | 有性生殖

□②卵の核と精子の核が合体すること。 | 受精

□③受精によってできる新しい細胞。 | 受精卵

□④受精卵から成体になるまでの過程。 | 発生

練習問題

❶ 図は，カエルが成体になるまでのようすを表したものです。次の問いに答えましょう。

(1) 図のA，Bの生殖細胞をそれぞれ何といいますか。 A（ 卵 ） B（ 精子 ）

(2) Aの核とBの核が合体することを何といいますか。 （ 受精 ）
受精でできたCを受精卵という。

(3) Cが体細胞分裂をくり返してできた，Dのすがたを何といいますか。 （ 胚 ）
自分で食物をとるまでのすがた。

(4) CがFになるまでの過程のことを何といいますか。 （ 発生 ）
受精卵→胚→成体。

(5) 図のア～エを正しい成長の順に並べましょう。 （ ア → エ → イ → ウ ）

⑯ 植物のふえ方

→本冊 p.45

覚えておきたい用語

□①受粉した花粉から胚珠に向かってのびる管。 | 花粉管

□②花粉管の中にある生殖細胞。 | 精細胞

□③胚珠の中にある生殖細胞。 | 卵細胞

練習問題

❶ 図は，受粉した後の被子植物のめしべのようすを表したものです。次の問いに答えましょう。

(1) 図で，A～Cをそれぞれ何といいますか。
A（ 柱頭 ）
B（ 花粉管 ）
C（ 胚珠 ）
受粉すると，花粉から花粉管がのびる。

(2) 図で，B，Cの中にある生殖細胞ア，イをそれぞれ何といいますか。
ア（ 精細胞 ）
イ（ 卵細胞 ）

(3) (2)の2つの生殖細胞の核が合体することを何といいますか。 （ 受精 ）
花粉管が胚珠に達して，受精する。

(4) (3)の結果できる細胞を何といいますか。 （ 受精卵 ）

(5) (4)は体細胞分裂をくり返して，何になりますか。 （ 胚 ）

(6) (3)が起こると，図のCは何になりますか。 （ 種子 ）
種子は発芽して，新しい個体が成長する。

⑰ 特別な細胞分裂

→本冊 p.4

覚えておきたい用語

□①生殖細胞がつくられるときの細胞分裂。 | 減数分裂

□②被子植物の生殖細胞。 ア と イ （順不同） | ア 卵細胞 イ 精細胞

□③動物の生殖細胞。 ア と イ （順不同） | ア 卵 イ 精子

練習問題

❶ 生殖細胞がつくられるときの細胞分裂について，次の問いに答えましょう。

(1) 生殖細胞がつくられるときの細胞分裂を何といいますか。 （ 減数分裂 ）
対になっていた染色体が2つに分かれる細胞分裂。

(2) (1)の分裂でできた生殖細胞の染色体の数は，もとの細胞の染色体の数とくらべてどのようになっていますか。次のア～ウから選びましょう。 （ ウ ）

ア もとの細胞の染色体の数と同じ。
イ もとの細胞の染色体の数の2倍。
ウ もとの細胞の染色体の数の半分。
受精すると，親の染色体の数と同じになる。

(3) 受精卵のもつ染色体は，どのように伝わったものですか。次のア～ウから選びましょう。 （ イ ）

ア 片方の親とまったく同じ染色体が伝わる。
イ 両親の染色体が半分ずつ伝わる。
ウ 両親の染色体をそのままたし合わせたものが伝わる。
両親から半分ずつ伝わり，対になる。

18 親の特徴の伝わり方

→本冊 p.49

覚えておきたい用語

①生物のもつ形や性質などの特徴。 **形質**

②形質を決めるもの。 **遺伝子**

③遺伝子の本体の物質。アルファベットで。 **DNA**

④対になっている遺伝子が分かれて、別々の生殖細胞に入ること。 **分離の法則**

練習問題

図は、親から子へ染色体が受けつがれるようすを表したものです。次の問いに答えましょう。

(1) 図のAやaは、形質を決めているものを表しています。これを何といいますか。 (**遺伝子**)
染色体の中にある。

(2) 親の細胞からP、Qの生殖細胞ができるときの細胞分裂を何といいますか。 (**減数分裂**)
染色体の数が半分になる。

(3) P〜Rでの(1)のようすは、どのように表すことができますか。それぞれ次のア〜カから選びましょう。 P(**ア**) Q(**イ**) R(**オ**)

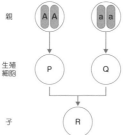

親 生殖細胞 子

ア イ ウ エ オ カ

P・Q…分離の法則。

19 子に伝わる特徴

→本冊 p.51

覚えておきたい用語

①同時には現れない、対になっている形質。 **対立形質**

②代を重ねても、ずっと同じ形質を示す個体。 **純系**

③対立形質の純系どうしをかけ合わせたとき、子に現れる形質。 **顕性形質**

練習問題

① 丸形の種子をつくる純系のエンドウと、しわ形の種子をつくる純系のエンドウをかけ合わせたところ、できた種子はすべて丸形でした。次の問いに答えましょう。

(1) 対立形質の純系どうしをかけ合わせたとき、子に現れる形質を何といいますか。 (**顕性形質**)

(2) エンドウの種子の丸形としわ形で、(1)の形質なのはどちらですか。 (**丸形**)
できた種子がすべて丸形になっているので、丸形が顕性形質。

(3) (1)のとき、子に現れないほうの形質を何といいますか。 (**潜性形質**)
しわ形が潜性形質。

(4) できた丸形の種子を育て、自家受粉させました。どのような種子（孫）ができますか。次のア〜ウから選びましょう。 (**ウ**)

ア すべて丸形の種子 　　　イ すべてしわ形の種子
ウ 丸形の種子としわ形の種子
子で現れないしわ形の遺伝子も遺伝していることがわかる。

遺伝子の組み合わせ

→本冊 p.52

練習問題 1 実習①について、次の問いに答えましょう。

AA、aaの遺伝子をもつ親の生殖細胞の遺伝子は、それぞれのように表されますか。ア〜エから選びましょう。 AA(**ア**) aa(**イ**)

ア イ ウ エ

(1)の2つが受精したときの子の遺伝子は、どのように表せますか。Aやaを用いて表しましょう。 (**Aa**)

練習問題 2 実習②について、次の問いに答えましょう。

Aaという種子の遺伝子の組み合わせをもつエンドウを自家受粉させました。できた種子の遺伝子の組み合わせをAやaを用いて、すべて表しましょう。ただし、顕性形質（丸形の種子）を表す遺伝子をAとします。 (**AA, Aa, aa**)

(1)で400個の種子ができました。Aaの遺伝子の組み合わせをもつ種子は何個あると考えられますか。次のア〜オから選びましょう。 (**ウ**)

ア 0個　イ 100個　ウ 200個　エ 300個　オ 400個

(1)でできた400個の種子の中で、丸形の種子は何個あると考えられますか。(2)のア〜オから選びましょう。 (**エ**)

ポイント

生殖細胞の遺伝子は、両親ともAとaなので、子の遺伝子の組み合わせはAA：Aa：aa＝1：2：1の比で現れる。
AAとAaは丸形、aaはしわ形なので、丸形：しわ形＝3：1

20 生物の変化

→本冊 p.55

覚えておきたい用語

①魚類、両生類、は虫類のうちで、地球上にいちばん最初に現れたもの。 **魚類**

②魚類から両生類に変化したように、生物が長い年月をかけて変化すること。 **進化**

③鳥類の翼と哺乳類の前あしのように、同じものから変化したと考えられる器官。 **相同器官**

練習問題

① 図1は脊椎動物の生活場所の変化のようすを、図2は、脊椎動物のある部分の骨格を表したものです。次の問いに答えましょう。

(1) 図1のA〜Eのうちで、最初に地球上に現れたものはどれですか。 (**A**)

(2) 図1のように、生物が長い年月をかけて変化することを何といいますか。 (**進化**)

図1
水中　　陸上

(3) 図2の3つの骨格はもとは同じ器官だったと考えられますか。 (**考えられる。**)
骨のつくりに共通点がある。

(4) (3)のような器官を何といいますか。 (**相同器官**)
はたらきはそれぞれちがう。

図2
スズメの翼　クジラの胸びれ　ヒトのうで

1
(1)ウ　　(2)ア　　(3)染色体　　(4)ウ
(5)A→C→D→F→E→B

解説 (1) 根の先端付近で細胞分裂がさかんです。
(5) 染色体が見えるようになる→中央に並ぶ→細胞の両端に移動→仕切りができ始める→2つの細胞になる　の順で分裂が進みます。

2
(1)減数分裂　　(2)花粉管　　(3)精細胞
(4)胚珠　　　　(5)卵細胞　　(6)受精

解説 (1) 減数分裂によって、核の中の染色体の数が半分になります。
(6) 受精によって子孫をふやすことを、有性生殖といいます。

3
(1)顕性形質　　　　(2)潜性形質
(3)①オ　　②ア　　③イ　　④エ
(4)3：1　　　　　　(5)DNA

解説 (3) 減数分裂によって、対になっている遺伝子が別々の生殖細胞に入ります。
(4) 孫の代には、AA：Aa：aaが1：2：1の比で現れます。AAとAaは丸形、aaはしわ形の種子なので、丸形：しわ形＝3：1になります。
(5) DNAは、デオキシリボ核酸という物質です。

練習問題 1　実習①について、次の問いに答えましょう。

(1) 次の①、②について、力A、Bの合力Fを作図しましょう。

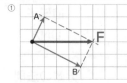　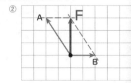

ポイント
2つの力を2辺とする平行四辺形を作図する。

練習問題 2　実習②について、次の問いに答えましょう。

(1) 次の①、②について、力FをAの方向とBの方向に分解しましょう。

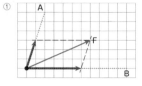　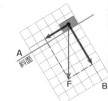

ポイント
もとの力を対角線とする平行四辺形を作図する。

---

21 水による力
→本冊 p.63

覚 えておきたい用語
□①水の重さによる圧力。　　　　**水圧**

練習問題

1 ゴム膜をはった筒を水中に入れました。次の問いに答えましょう。

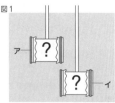　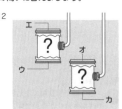

(1) 図1のア、イでゴム膜のへこみ方が大きいのはどちらですか。（　**イ**　）
深いほど水圧は大きい。

(2) 図2で、ゴム膜のへこみ方がウと同じなのは、エ～カのどれですか。
（　**オ**　）
深さが同じだと、へこみ方が同じ。

(3) 水の重さによる圧力のことを何といいますか。（　**水圧**　）

(4) (3)の圧力について、次のア～オから正しいものを2つ選びましょう。
（　**イ，ウ**　）

ア　上下の方向だけからはたらく。
イ　あらゆる方向からはたらく。
ウ　(3)の圧力の大きさは、水の深さに関係している。
エ　(3)の圧力の大きさは、水中にある物体の体積に関係している。
オ　(3)の圧力の大きさは、水中にある物体の質量に関係している。
水圧の大きさは、水の深さだけに関係する。

---

22 水中のものを軽くする力
→本冊 p.65

覚 えておきたい用語
□①水中の物体にはたらく、上向きの力。　　**浮力**

練習問題

1 ばねばかりにつるした物体を、水に沈めました。次の問いに答えましょう。

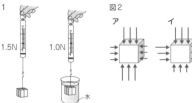

(1) 物体を水中に入れたとき、物体にはたらく水圧のようすとして最もよいものを図2のア～ウから選びましょう。（　**ウ**　）
水圧はあらゆる方向からはたらき、深いほど大きい。

(2) 図1で、水中の物体にはたらいた浮力は何Nですか。
（　**0.5N**　）
1.5[N]−1.0[N]＝0.5[N]

(3) 浮力について、次のア～ウから正しいものをすべて選びましょう。
（　**イ**　）

ア　浮力の大きさは、水の深さに関係している。
イ　浮力の大きさは、水中にある物体の体積に関係している。
ウ　浮力の大きさは、水中にある物体の質量に関係している。

(4) 水中にある物体にはたらく重力が浮力よりも小さいとき、その物体は浮かんでいきますか、沈んでいきますか。（　**浮かんでいく。**　）
物体にはたらく重力のほうが大きいときは、沈んでいく。

❷ 物体の動く速さ

→本冊 p.67

覚えておきたい用語

①ある一定の時間，同じ速さで動いたと考えたときの速さ。

平均の速さ

②とても短い時間で考えたときの速さ。

瞬間の速さ

練習問題

物体の運動を，1秒間に50回点を打つ記録タイマーを使って記録しました。次の問いに答えましょう。

テープを5打点ごとに切って並べました。それぞれのテープの長さは何を表していますか。次のア〜ウから選びましょう。（　**ア**　）

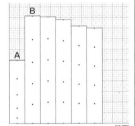

ア　0.1秒間に動いた距離
イ　1秒間に動いた距離
ウ　物体の速さ（m/s）

図のA，Bで，物体が速く動いていたのはどちらが記録されたときですか。
（　**B**　）
テープが長いときほど速く動いている。

次の場合の平均の速さを求めましょう。
① 200mの距離を40秒で進んだとき。（単位はm/s）
（　**5m/s**　）
200〔m〕÷40〔s〕＝5〔m/s〕
② 0.1秒で5cm進んだとき。（単位はcm/s）
（　**50cm/s**　）
5〔cm〕÷0.1〔s〕＝50〔cm/s〕

㉔ 速さが変わらない運動

→本冊 p.69

覚えておきたい用語

□①一定の速さで一直線上をまっすぐ進む運動。

等速直線運動

練習問題

図は，ある台車の運動を記録したテープを5打点ごとに切って並べたものです。次の問いに答えましょう。

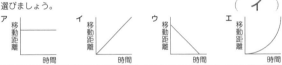

(1) 台車の速さはどうなっていますか。次のア〜エから選びましょう。（　**ウ**　）

ア　だんだん大きくなっている。
イ　だんだん小さくなっている。
ウ　一定の速さで運動している。
エ　動いていない。
テープの長さが変わらない。

(2) このような台車の運動を何といいますか。
（　**等速直線運動**　）
一定の速さでまっすぐ進む運動。

(3) 台車にはたらいている力を次のア〜ウから選びましょう。（　**ウ**　）

ア　運動と同じ向きの力　　イ　運動と反対の向きの力
ウ　運動の向きにも反対の向きにも，力ははたらいていない。

(4) 台車の運動について，時間と移動距離の関係を表すグラフを次のア〜エから選びましょう。（　**イ**　）

ア（移動距離－時間）　イ（移動距離－時間）　ウ（移動距離－時間）　エ（移動距離－時間）

㉕ だんだん速くなる運動

→本冊 p.71

覚えておきたい用語

①物体が垂直に落下する運動のこと。

自由落下

練習問題

斜面を下る物体の運動について，次の問いに答えましょう。

物体にはたらく斜面に平行な力の大きさはどうなりますか。次のア〜ウから選びましょう。（　**ウ**　）

ア　だんだん大きくなる。
イ　だんだん小さくなる。
ウ　一定の大きさである。
傾きが一定ならば，重力の斜面に平行な分力は一定である。

図で，斜面を下る物体の速さはどうなりますか。次のア〜エから選びましょう。（　**ア**　）

ア　一定の割合で大きくなる。　イ　一定の割合で小さくなる。
ウ　一定の速さである。　　　　エ　動かない。
一定の力がはたらき続けると，一定の割合で大きくなる。

図の斜面の傾きを大きくすると，物体の速さの変化のしかたはどうなりますか。次のア〜ウから選びましょう。（　**ア**　）

ア　図のときよりも大きくなる。　イ　図のときよりも小さくなる。
ウ　図のときと同じである。
斜面方向の力が大きくなる。

斜面の傾きを90°にすると，物体が真下に落ちるようになりました。このような運動を何といいますか。
（　**自由落下**　）
物体が自然に落下する運動。

㉖ だんだん遅くなる運動

→本冊 p.73

覚えておきたい用語

□①物体どうしが接している面にはたらき，物体の運動をさまたげる向きにはたらく力。

摩擦力

練習問題

物体の運動について，次の問いに答えましょう。

(1) 斜面を上がる台車にはたらく斜面に平行な力の大きさはどうなりますか。次のア〜ウから選びましょう。（　**ウ**　）

ア　だんだん大きくなる。　　　図1
イ　だんだん小さくなる。
ウ　一定の大きさである。
傾きが一定なので，一定。

(2) 図1で，台車の斜面を上がる速さはどうなりますか。次のア〜エから選びましょう。（　**イ**　）

ア　だんだん大きくなる。　　　イ　だんだん小さくなる。
ウ　一定の速さである。　　　　エ　動かない。
運動の向きとは反対向きに力がはたらいている。

(3) 図2で，台の上の物体を押したとき，物体の運動をさまたげようとする向きにはたらく力を何といいますか。（　**摩擦力**　）

(4) 図2で，(3)の力がはたらく台の上を動く物体の速さはどうなりますか。(2)のア〜エから選びましょう。（　**イ**　）
物体の動く向きと摩擦力の向きは反対。

㉗ 動かない物体

→本冊 p.75

覚 えておきたい用語

□①物体に力がはたらいていないときや，はたらく力がつり合っているとき，物体がそのままの状態を続けようとする性質。　**慣性**

練習問題

❶ 物体のもつ性質について，次の問いに答えましょう。

(1) 慣性の法則の説明について，次の（　）にあてはまる言葉を下のア〜キから選びましょう。

> 物体に力が（ ① ）ときや（ ② ）とき，静止している物体は（ ③ ）をし続け，運動している物体は（ ④ ）をするという法則。

①（　**ア**　）　②（　**イ**　）　③（　**エ**　）　④（　**カ**　）

ア　はたらいていない　　　イ　はたらいているが，つり合っている
ウ　はたらいていて，つり合っていない
エ　静止　　　　　　　　　オ　速さがだんだん大きくなる運動
カ　等速直線運動　　　　　キ　速さがだんだん小さくなる運動
①，②は順不同。

(2) 走っている電車がブレーキをかけると，乗客の体はどのようになりますか。次のア，イから選びましょう。　（　**ア**　）

ア　電車の進行方向に倒れそうになる。
イ　電車の進行方向とは反対向きに倒れそうになる。
等速直線運動を続けようとする。

(3) 止まっている電車が発車すると，乗客の体はどのようになりますか。(2)のア，イから選びましょう。　（　**イ**　）
静止し続けようとする。

㉘ 押す力と押される力

→本冊 p.7

覚 えておきたい用語

□①人が壁を押したときの，人が壁を押す力。　**作用**

□②人が壁を押したときの，壁が人を押し返す力。　**反作用**

練習問題

❶ 物体にはたらく力について，次の問いに答えましょう。
(1) 次のそれぞれの力（──→）について，反作用となる力をかきましょう。

①Aさんが壁を押す。　　②本が机を押す。　　③AさんがBさんを押す。

Aさん

Aさん　　Bさん

(2) 作用・反作用の関係にある2つの力にあてはまることを，次のア〜エからすべて選びましょう。　（　**イ，ウ**　）

ア　1つの物体にはたらく。　　イ　2つの力は一直線上にある。
ウ　2つの力は同じ大きさ。　　エ　2つの力は同じ向き。
2つの物体の間で同時にはたらく，反対向きの力。

(3) 台車に乗ったAさんが，台車に乗ったBさんを押しました。2人はどのように動きますか。　（　**ウ**　）

Aさん　　Bさん

ア　Aさんだけが動く。
イ　Bさんだけが動く。
ウ　Aさんが左に，Bさんが右に動く。
AさんがBさんを，BさんがAさんを押す。

㉙ 理科であつかう仕事

→本冊 p.79

覚 えておきたい用語

□①加えた力の大きさ〔N〕×力の向きに動かした距離〔m〕で表されるもの。　**仕事**

□②仕事の単位。　**ジュール（J）**

練習問題

❶ 物体に対する仕事について，次の問いに答えましょう。

(1) 物体に対して仕事をしているものを次のア〜ウから選びましょう。
（　**ア**　）

ア　　　　　　　イ　　　　　　　ウ

物体を持ち上げる。　物体を支える。　物体を押すが動かない。
物体が力の向きに動いているのは，アだけである。

(2) 次の図で，物体にした仕事の大きさをそれぞれ求めましょう。
①5Nの力で物体を2m動かす。　　②1kgの物体を120cm持ち上げる。

（　**10J**　）　　　　　（　**12J**　）
5〔N〕×2〔m〕=10〔J〕　　10〔N〕×1.2〔m〕=12〔J〕

㉚ 道具を使ってする仕事

→本冊 p.8

覚 えておきたい用語

□①同じ仕事をするとき，道具を使っても使わなくても，仕事の大きさは変わらないということ。　**仕事の原理**

練習問題

❶ 滑車を使って仕事をしました。次の問いに答えましょう。
(1) 道具を使わずに，質量600gの物体を1mの高さまで持ち上げました。このときの仕事は何Jですか。　（　**6J**　）
6〔N〕×1〔m〕=6〔J〕

(2) 次の図のような滑車を使って，質量600gの物体を1mの高さまで上げました。それぞれ何Nの力でひもを引けばよいですか。

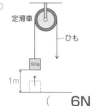

①定滑車　　　　　②動滑車
※滑車の質量は考えません。

（　**6N**　）　　　　　（　**3N**　）
重力と同じ大きさの力　　重力の半分の大きさの力

(3) (2)のそれぞれの場合で，1mの高さまで上げるためにはひもを何m引けばよいですか。①（　**1m**　）②（　**2m**　）
動滑車では，上げたい高さの2倍の長さを引く。

(4) (2)でした仕事は，それぞれ何Jですか。　①（　**6J**　）②（　**6J**　）
①では，6〔N〕×1〔m〕=6〔J〕，②では，3〔N〕×2〔m〕=6〔J〕

(5) 仕事の大きさが(1)と(4)のようになることを何といいますか。
（　**仕事の原理**　）

31 仕事をする能率

➡本冊 p.83

覚 えておきたい用語・公式

①1秒間あたりの仕事の大きさ。 → 仕事率

②仕事率〔W〕= ア／仕事にかかった イ

ア 仕事〔J〕
イ 時間〔s〕

練習問題

AさんとBさんが質量2kgの物体を1.5mの高さまで持ち上げる仕事をしました。次の問いに答えましょう。

(1) 質量2kgの物体にはたらく重力は何Nですか。
（ 20N ）

(2) AさんとBさんがした仕事の大きさはそれぞれ何Jですか。
A（ 30J ）
B（ 30J ）
20〔N〕×1.5〔m〕=30〔J〕

(3) Aさんは、3秒かけてこの仕事をしました。仕事率を求めましょう。
（ 10W ）
30〔J〕÷3〔s〕=10〔W〕

(4) Bさんは、6秒かけてこの仕事をしました。仕事率を求めましょう。
（ 5W ）
30〔J〕÷6〔s〕=5〔W〕

(5) 仕事の能率がよかったのは、AさんとBさんのどちらですか。
（ Aさん ）
仕事率が大きいほど能率がよい。

32 高いところにある物体

➡本冊 p.85

覚 えておきたい用語

①高いところにある物体がもっているエネルギー。 位置エネルギー

練習問題

1 高いところにある物体について、次の問いに答えましょう。

(1) ある物体が、ほかの物体に対して仕事ができる状態であるとき、その物体は何をもっているといいますか。
（ エネルギー ）

(2) 図のように、おもりをくいの上に落としたところ、くいが打ちこまれました。落とす前のおもりがもっていた(1)を何といいますか。
（ 位置エネルギー ）

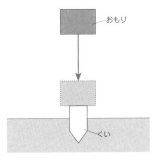

(3) くいに落とすおもりの高さを次のア～ウのように変えました。おもりのもつ(2)が最も大きいものを選びましょう。
（ ウ ）

ア 30cmの高さ
イ 50cmの高さ
ウ 80cmの高さ
位置が高い物体ほど位置エネルギーは大きい。

(4) くいに落とすおもりの質量を次のア～ウのように変えました。おもりのもつ(2)が最も大きいものを選びましょう。
（ ウ ）

ア 質量100g イ 質量200g ウ 質量400g
質量が大きい物体ほど位置エネルギーは大きい。

33 動いている物体

➡本冊 p.87

覚 えておきたい用語

①運動している物体がもっているエネルギー。 運動エネルギー

練習問題

運動している物体について、次の問いに答えましょう。

(1) 台車を転がして木片に衝突させたところ、木片が移動しました。木片に衝突した台車がもっていたエネルギーを何といいますか。
（ 運動エネルギー ）

(2) 台車のもつ(1)が大きくなると、衝突した木片の移動距離は長くなりますか、短くなりますか。
（ 長くなる。 ）

(3) 転がる台車の速さを次のア～ウのように変えました。台車のもつ(1)が最も大きいものを選びましょう。
（ ウ ）

ア 20cm/sの速さ イ 50cm/sの速さ ウ 70cm/sの速さ
速さが大きい物体ほど運動エネルギーは大きい。

(4) 転がる台車の質量を次のア～ウのように変えました。台車のもつ(1)が最も大きいものを選びましょう。
（ ウ ）

ア 質量100g イ 質量200g ウ 質量400g
質量が大きい物体ほど運動エネルギーは大きい。

34 減らないエネルギー

➡本冊 p.89

覚 えておきたい用語

①位置エネルギーと運動エネルギーの和。 力学的エネルギー

②物体のもつ力学的エネルギーは一定であるということ。 力学的エネルギーの保存

練習問題

1 図1は斜面を下る台車の運動、図2はふりこのようすです。A～Cでのエネルギーについて、次の問いに答えましょう。ただし、摩擦力や空気の抵抗は考えないものとします。

(1) 台車の位置エネルギーの関係を、次のア～カから選びましょう。（ イ ）

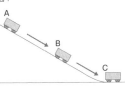
図1

ア A＝B＝C イ A＞B＞C
ウ C＞B＞A エ B＞A＞C
オ A＝C＞B カ B＞A＝C

(2) 台車の運動エネルギーの関係を、(1)のア～カから選びましょう。（ ウ ）

(3) 台車の力学的エネルギーの関係を、(1)のア～カから選びましょう。（ ア ）
力学的エネルギーは一定である。

図2

(4) ふりこの運動エネルギーの関係を、(1)のア～カから選びましょう。（ カ ）
A，Cの運動エネルギーは0（停止）。

(5) ふりこの力学的エネルギーの関係を、(1)のア～カから選びましょう。（ ア ）
力学的エネルギーは一定である。

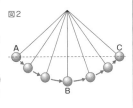

35 いろいろなエネルギー

→本冊 p.91

覚 えておきたい用語

□①熱がもつエネルギー。　　**熱エネルギー**

□②光がもつエネルギー。　　**光エネルギー**

□③電気がもつエネルギー。　**電気エネルギー**

練習問題

1 いろいろなエネルギーについて，次の問いに答えましょう。

(1) 次の①，②では，何エネルギーが何エネルギーに変換されていますか。それぞれ（　）にあてはまるエネルギーを書きましょう。

① ホットプレート

ホットプレート

（　**電気**　）エネルギー

→（　**熱**　）エネルギー
熱エネルギーが利用される。

② ソーラーパネル（光電池）

太陽　　ソーラーパネル

（　**光**　）エネルギー

→（　**電気**　）エネルギー
電気エネルギーが利用される。

(2) すべてのエネルギーを考えたときに，エネルギーが変換されてもエネルギーの全体の量は一定に保たれているということを何といいますか。
（　**エネルギーの保存**　）

36 もののあたたまり方

→本冊 p.9

覚 えておきたい用語

□①高温の部分から直接熱が伝わる熱の伝わり方。　**伝導（熱伝導**

□②あたためられたものが移動する熱の伝わり方。　**対流**

□③光などによって，離れていてもあたたかくなる熱の伝わり方。

放射（熱放射）

練習問題

1 もののあたたまり方について，次の問いに答えましょう。

(1) 次の①〜③のような熱の伝わり方を，それぞれ何といいますか。

① 　② 　③

（　**伝導（熱伝導）**　）　（　**対流**　）　（　**放射（熱放射）**　）

(2) 次の①，②は何という熱の伝わり方に関係したものですか。
① スポットライトの光をあびていると，だんだんとあたたかくなってきた。
（　**放射（熱放射）**　）
離れていても，あたたかくなる。
② 冬の教室で，低い場所にある暖房を使ったら，教室全体があたたまった。
（　**対流**　）
空気が移動する。

まとめのテスト 3 運動とエネルギー
→本冊 p.94

1 (1)エ　　(2)大きくなる。
(3)浮力

解説 (2) 水圧は，水面からの深さが深くなるほど大きくなります。
(3) 浮力は，上向きにはたらく水圧と下向きにはたらく水圧の差です。

2 (1)0.1秒間　　　　(2)60cm/s
(3)等速直線運動　　(4)慣性

解説 (1) 1秒間に60打点なので，6打点は0.1秒間。
(2) 6〔cm〕÷0.1〔s〕=60〔cm/s〕

3 (1)A…ア　B…イ　(2)作用・反作用の法則

解説 (1) AはBを，BはAを押しています。

4 (1)図1…20N　　　図2…10N
(2)図1…2m　　　図2…4m
(3)図1…40J　　　図2…40J
(4)仕事の原理　　(5)8W

解説 (3) 図1：20〔N〕×2〔m〕=40〔J〕
図2：10〔N〕×4〔m〕=40〔J〕
(4) 仕事の大きさは等しくなります。
(5) 40〔J〕÷5〔s〕=8〔W〕

37 星の見える位置

→本冊 p.9

覚 えておきたい用語

□①天体の位置や動きを調べるときに便利な，見かけ上の球形の天井。
天球

□②地球の北極と南極を結ぶ軸。　**地軸**

□③地球が1日に1回転すること。　**自転**

練習問題

1 天体の位置の表し方について，次の問いに答えましょう。

(1) 天体の位置や動きを調べるときに用いる，見かけ上の球形の天井のことを何といいますか。
（　**天球**　）

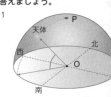
図1

(2) 図1で，点Oを観測者の位置としたとき，点Oの真上の点Pを何といいますか。
（　**天頂**　）

(3) 図2で，北極と南極を結ぶ軸アを何といいますか。（　**地軸**　）
地軸を中心に自転している。

(4) 図2で，地球の自転の向きは，イ，ウのどちらですか。（　**イ**　）
西から東。

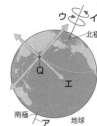
図2

(5) 点Qから見たとき，エはどの方位を表していますか。東西南北で答えましょう。
北極の方向が北。
（　**東**　）

38 太陽の動き

→本冊 p.101

覚 えておきたい用語

①太陽が真南の空を通ること。高度が最も高くなる。 → 南中

②太陽が南中するときの高度。 → 南中高度

③地球の自転による，太陽の見かけの動き。 → 日周運動

練習問題

日本のある地点での太陽の動きを透明半球に記録しました。次の問いに答えましょう。

(1) 太陽の位置を記録するとき，ペンの先の影がどこにくるようにしますか。次のア〜ウから選びましょう。
（ **ウ** ）

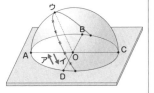

ア A点　イ B点　ウ O点
円の中心にくるようにする。

(2) 図で，A〜Dの方位はそれぞれ東西南北のどれですか。
A（ **南** ）B（ **西** ）C（ **北** ）D（ **東** ）
太陽は南の空を通る。

(3) 太陽の動く向きは，図のア，イのどちらですか。（ **ア** ）
東→南→西。

(4) 図のウでは太陽が最も高い位置を通っています。このことを何といいますか。（ **南中** ）
このときの高度を南中高度という。

(5) 図のような太陽の動きを太陽の何といいますか。（ **日周運動** ）

(6) 太陽が動いて見えるのは，地球の何が原因ですか。（ **自転** ）
地球の自転による，太陽の見かけの動き。

観測のページ 星の日周運動

→本冊 p.102

練習問題1 観測①について，次の問いに答えましょう。

(1) 北の空の星は，何という星の付近を中心に動いて見えますか。
（ **北極星** ）

(2) 北の空の星は，(1)の星付近を中心に，どのように動いて見えますか。次のア，イから選びましょう。
（ **イ** ）
ア 時計回り　イ 反時計回り

(3) 北の空の星は，1時間におよそ何度動いて見えますか。（ **15度** ）

ポイント

北の空の星は，北極星付近を中心に，反時計回りに，1時間に約15°回転して見える。

練習問題2 観測②について，次の問いに答えましょう。

(1) 南の空の星は，どのように動いて見えますか。次のア〜カから選びましょう。
（ **ア** ）

ア 右へ動く。　イ 右ななめ上へ動く。　ウ 右ななめ下へ動く。
エ 左へ動く。　オ 左ななめ上へ動く。　カ 左ななめ下へ動く。

(2) 東の空の星，西の空の星はどのように動いて見えますか。(1)のア〜カからそれぞれ選びましょう。　東の空（ **イ** ）　西の空（ **ウ** ）

(3) 南中した星は，やがて東に沈みますか，西に沈みますか。
（ **西に沈む。** ）

ポイント

東からのぼった星は，南の空の高いところを通り，西に沈む。

---

39 星の1年の動き

→本冊 p.105

覚 えておきたい用語

①地球が1年に1回太陽のまわりを回ること。 → 公転

②地球の公転による，天体の見かけの動き。 → 年周運動

③天球上の太陽の通り道。 → 黄道

練習問題

日本のある地点で星の動きを観測しました。次の問いに答えましょう。

図1　　　　　　　　　　図2

(1) 図1で，イは12月15日午後8時のオリオン座の位置です。11月15日午後8時のオリオン座の位置は，ア，ウのどちらですか。（ **ア** ）
東から西へ移動する。

(2) 1か月で，オリオン座の星は約何度動きましたか。（ **30度** ）
1年で1回転（360°回転）。

(3) (2)のように動いて見えるのは，地球の何という動きが原因ですか。
（ **公転** ）

(4) 図2で，真夜中の南の空にさそり座が見えているのは，エ〜キのどこに地球があるときですか。（ **オ** ）
太陽と反対の方向にさそり座がある。

(5) 太陽は1年で星座の間を1周するように動いて見えます。この天球上の太陽の通り道を何といいますか。（ **黄道** ）

---

40 太陽の高さと季節

→本冊 p.107

覚 えておきたい用語

□①太陽の南中高度が最も高くなる日。 → 夏至

□②太陽の南中高度が最も低くなる日。 → 冬至

□③春，昼と夜の長さが等しくなる日。 → 春分

練習問題

① 図1は日本のある地点の，春分・夏至・秋分・冬至の日の太陽の日周運動を表したもので，図2は太陽のまわりを公転する地球のようすです。次の問いに答えましょう。

(1) 図1で，春分，夏至，秋分，冬至の日の太陽の動きを表しているのはA〜Cのどれですか。
春分（ **B** ）　夏至（ **A** ）
秋分（ **B** ）　冬至（ **C** ）

(2) 図2で，春分，夏至，秋分，冬至の日の地球の位置を表しているのはD〜Gのどれですか。
春分（ **D** ）　夏至（ **E** ）
秋分（ **F** ）　冬至（ **G** ）

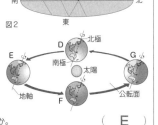

(3) 図2で，日本で昼の長さが最も長くなるのは，D〜Gのどのときですか。
（ **E** ）
夏至の日。

(4) 図2で，日本で南中高度が最も低くなるのは，D〜Gのどのときですか。
（ **G** ）
冬至の日。

㊶ 太陽のようす

➡本冊 p.109

覚えておきたい用語

□①太陽の表面に見られる，黒い斑点。 　**黒点**

□②太陽に見られる，炎のようなガスの動き。 　**プロミネンス(紅炎)**

□③太陽のまわりにある，高温のガスの層。 　**コロナ**

練習問題

❶ 太陽のようすについて，次の問いに答えましょう。

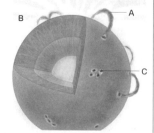

(1) 炎のようなガスの動きAを何といいますか。
（ **プロミネンス(紅炎)** ）

(2) 高温のガスの層であるBを何といいますか。（ **コロナ** ）

(3) 黒い斑点Cを何といいますか。
（ **黒点** ）

(4) (3)は周囲よりも温度が高いですか，低いですか。
（ **低い。** ）

周囲よりも温度が低く，黒く見える。

(5) (3)を観察すると，少しずつ移動していました。このことから，太陽がどのような動きをしていることがわかりますか。 （ **自転** ）

(6) (3)を観察すると，中央部では円形だったものが周辺部ではだ円形に見えました。このことから，太陽がどのような形をしていることがわかりますか。
（ **球形** ）

㊷ 月の見え方

➡本冊 p.11

覚えておきたい用語

□①月が地球のまわりを回ること。 　**公転**

□②真夜中に南中する月の形。 　**満月**

□③正午に南中する月の形。 　**新月**

練習問題

❶ 図は，地球と月の位置関係を表しています。次の問いに答えましょう。

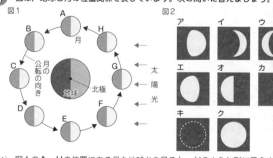

(1) 図1のA〜Hの位置にある月を地球から見ると，どのような形に見えます南中のときのようすをそれぞれ図2のア〜クから選びましょう。
A（ **カ** ） B（ **ア** ） C（ **ク** ） D（ **エ** ）
E（ **オ** ） F（ **ウ** ） G（ **キ** ） H（ **イ**

(2) 毎日同じ時刻に月を観測しました。月の見える位置は西から東，東からどちらの向きに動いていきますか。 （ **西から東** ）

(3) 新月から次の新月まで，約何日かかりますか。 （30日(29.5
約1か月で1周する。

㊸ 太陽をかくす月

➡本冊 p.113

覚えておきたい用語

□①太陽・月・地球の順に並び，太陽が月にかくされる現象。 　**日食**

□②太陽・地球・月の順に並び，月が地球の影に入る現象。 　**月食**

練習問題

❶ 日食と月食について，次の問いに答えましょう。

(1) 次のア〜コから，日食にあてはまるものをすべて選びましょう。
（ **ア，オ，キ** ）

ア　この現象が起こるのは，新月の日である。
イ　この現象が起こるのは，満月の日である。
ウ　この現象が起こるのは，半月の日である。
エ　地球・太陽・月の順に一直線上に並んだときに起こる。
オ　太陽・月・地球の順に一直線上に並んだときに起こる。
カ　太陽・地球・月の順に一直線上に並んだときに起こる。
キ　月が太陽をかくす。 　ク　太陽が月をかくす。
ケ　地球の影が月をかくす。 　コ　地球の影が太陽をかくす。

(2) (1)のア〜コから，月食にあてはまるものをすべて選びましょう。
（ **イ，カ，ケ** ）

(3) 太陽全体がかくされ，コロナが観測できるような日食を何といいますか。
（ **皆既日食** ）

㊹ 地球のなかまの天体

➡本冊 p.11

覚えておきたい用語

□①太陽を中心とした天体の集まり。 　**太陽系**

□②地球など，太陽のまわりを公転する8つの天体。 　**惑星**

□③惑星のまわりを公転する天体。 　**衛星**

練習問題

❶ 太陽系の天体について，次の問いに答えましょう。

(1) 太陽系の惑星の中で，太陽に最も近い惑星の名前は何ですか。
（ **水星** ）

(2) 太陽系の惑星の中で，最も大きい惑星，2番目に大きい惑星の名前はそれ何ですか。
最も大きい惑星（ **木星**
2番目に大きい惑星（ **土星**
最も小さい惑星は水星。

(3) 水星，金星，地球，火星の4つの惑星をまとめて何といいますか。
（ **地球型惑星**
主に岩石でできている。

(4) 木星，土星，天王星，海王星の4つの惑星をまとめて何といいますか。
（ **木星型惑星**
主に気体でできている。

(5) 火星と木星の間にたくさんある，小さな天体を何といいますか。
（ **小惑星**
小さく，不規則な形をしている。

(6) めい王星などの，海王星の外側を公転する天体を何といいますか。
（ **太陽系外縁天体**

えておきたいこと

①金星が明け方に見える方位。 | 東
②金星が夕方に見える方位。 | 西

練習問題

図は、太陽、金星、地球の位置関係を表しています。地球から見た金星について、次の問いに答えましょう。

金星の公転の向きは、ア、イのどちらですか。（ **ア** ）
地球の公転と同じ向き。

明け方に見ることができるのは、金星がA〜Hのどの位置にあるときですか。すべて選びましょう。（ **F、G、H** ）
東の空に見える。

夕方に見ることができるのは、金星がA〜Hのどの位置にあるときですか。すべて選びましょう。（ **B、C、D** ）
西の空に見える。

真夜中に金星は見られますか。 （ **見られない。** ）
太陽と反対の方向には見えない。

BとDでは、どちらの金星が大きく見えますか。（ **D** ）
地球に近いほど大きく見える。

FとHでは、どちらの金星が大きく欠けて見えますか。（ **F** ）
地球に近いほど大きく欠けて見える。

覚 えておきたい用語

①太陽系をふくむたくさんの恒星の集団。 | 銀河系
②銀河系のような、数億〜数千億個の恒星の集団。 | 銀河

練習問題

① 太陽系の外側にある天体について、次の問いに答えましょう。

図1 真上から見たところ　　図2

真横から見たところ

(1) 太陽系がふくまれている恒星の集団を何といいますか。
（ **銀河系** ）
銀河系には数多くの恒星がふくまれている。

(2) 図1は(1)を真上から見たようす、図2は真横から見たようすの想像図です。A、Bの幅はそれぞれどのくらいですか。次のア〜エから選びましょう。
A（ **エ** ）　　B（ **ア** ）

ア 1.5万光年　　イ 3万光年　　ウ 5万光年　　エ 10万光年

(3) 太陽系と(1)の中心は、どのくらい離れていますか。(2)のア〜エから選びましょう。
（ **イ** ）

(4) (1)のような、たくさんの恒星の集団を何といいますか。（ **銀河** ）
銀河系は銀河の1つ。

(1)E　　(2)南中　　(3)南中高度

解説 (1) Aは東、Bは南、Cは西、Dは北、Fは日の入りの位置を表しています。

(1)イ　　(2)自転　　(3)ウ　　(4)北極星
(5)イ　　(6)公転

解説 (1) 日周運動では、東から西へ移動して見えます。
(3) 北極星付近を中心に、反時計回りに回転して見えます。
(5) 年周運動では、東から西へ移動して見えます。

(1)ア　　(2)A　　(3)G　　(4)ペガスス座

解説 (2)(3) A春分、B夏至、C秋分、D冬至、E冬至、F春分と秋分、G夏至
(4) 太陽と反対の方向にある星座が真夜中に南の空に見えます。

(1)月食　　(2)黒点　　(3)金星　　(4)銀河系

解説 (1) 月食では、月が地球の影に入ります。日食は、太陽、月、地球の順で一直線上に並んだときに起こります。
(3) 惑星は、太陽に近いものから順に、水星、金星、地球、火星、木星、土星、天王星、海王星です。

覚 えておきたい用語

①生物どうしの食べる・食べられるの関係。 | 食物連鎖
②自分で有機物をつくり出している生物。 | 生産者
③ほかの生物を食べて有機物をとり入れる生物。 | 消費者

練習問題

① 図はある生態系の植物、草食動物、肉食動物の数量関係を表したピラミッドです。次の問いに答えましょう。

(1) 図の生物A〜Cは、それぞれ生産者ですか、消費者ですか。
A（ **消費者** ）
B（ **消費者** ）
C（ **生産者** ）
A：肉食動物　B：草食動物　C：植物

生物A
生物B
生物C

(2) 何らかの原因で、生物Bが一時的にふえました。この直後、生物Aと生物Cの数量はどのようになりますか。次のア〜ウから選びましょう。
A（ **ア** ）　　C（ **イ** ）

ア ふえる。　　イ 減る。　　ウ 変わらない。
Aの食物がふえた。Cを食べる生物がふえた。

(3) (2)の後、しばらくすると生物の数量の変化が落ち着きました。このとき、生物A〜Cの数量はどのようになっていますか。次のア〜ウから選びましょう。
A（ **ウ** ）　　B（ **ウ** ）　　C（ **ウ** ）

ア ふえている。　　イ 減っている。　　ウ もとにもどっている。

48 地球上をめぐる炭素

→本冊 p.127

覚 えておきたい用語

□①生物の死がいやふんなどから有機物をとり入れ，無機物に分解する生物。

分解者

□②有機物や二酸化炭素として，循環している物質。

炭素

練習問題

① 次の図は，炭素の流れを表したものです。次の問いに答えましょう。

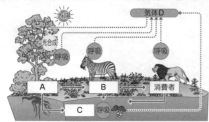

(1) 図のA〜Cにあてはまる言葉を，下の〔 〕から選んで答えましょう。
A（ **生産者** ）　B（ **消費者** ）　C（ **分解者** ）

〔　消費者　　生産者　　　分解者　〕
有機物による炭素の流れ。

(2) 図のDにあてはまる気体は何ですか。（ **二酸化炭素** ）
炭素は生物と大気の間も循環している。

(3) 図のCにあてはまる生物としてふさわしいものを，次のア〜オからすべて選びましょう。（ **ウ，エ** ）

ア 植物　イ 草食動物　ウ 細菌類　エ 菌類　オ 肉食動物
ほかに，土の中の小動物など。

49 いろいろな発電

→本冊 p.12

覚 えておきたい用語

□①ダムの水の位置エネルギーを利用した発電方法。 **水力発電**

□②化石燃料の化学エネルギーを利用した発電方法。 **火力発電**

□③核燃料の核エネルギーを利用した発電方法。 **原子力発電**

練習問題

① いろいろな発電方法について，次の問いに答えましょう。

(1) 発電のしくみを表した図のア〜ウにあてはまるエネルギーを書きましょ
ア（ **位置** ）　イ（ **熱** ）　ウ（ **運動**

(2) 原子力発電で問題点としてあげられる，核燃料から発生するものは何で
（ **放射線**

(3) 火力発電で利用される，石炭や石油などの燃料のことをまとめて何とい
すか。（ **化石燃料**
燃やすとき，二酸化炭素が発生する。

まとめのテスト
5 自然と人間
→本冊 p.130

1 (1)生態系　(2)食物連鎖
(3)生産者　(4)消費者
(5)A…減る。　C…ふえる。
(6)イ

解説 (5) AはBに食べられるので減ります。Cは食物
であるBがふえたので，ふえます。

2 (1)分解者
(2)ア，イ，オ
(3)二酸化炭素

解説 (1) 生産者，消費者，分解者などを通して，炭素
が自然界を循環しています。
(2) 土の中の小動物(オ)や，菌類(ア，イ)，細菌
類(乳酸菌や大腸菌など)が分解者のなかまで
す。

3 (1)ア…熱　　イ…運動　　ウ…位置
(2)A…原子力　B…水力　　C…火力

解説 (2) 火力発電で用いる化石燃料は，限られた資源
で，燃やすとたくさんの二酸化炭素を発生す
るなどの問題があります。

0 9 8 7 6 5 4 3 2
D C B A